科學實證

這樣吃素最健康

預防 10 大慢性病症
營養指導與應用食譜

14位專科醫師
親身實證疾病預防
的健康指南

40道美味素食
專業營養師設計
對症健康料理

慈濟醫療法人 林俊龍執行長等 著

原水文化

CONTENTS 目錄

PART 3　素食降低疾病的實證

1. 糖尿病　53

樂蔬健康醫　健康環保好福氣　　王奕淳醫師　70

2. 脂肪肝　74

樂蔬健康醫　打娘胎開始的素食人生　　張舜欽醫師　86

營養成分總目錄

本書食譜設計：花蓮慈濟醫學中心營養科團隊

全穀	菜名	熱量 （大卡）	蛋白質 （克）	脂肪 （克）	飽和脂肪 （克）	碳水化合物 （克）	糖 （克）	鈉 （毫克）	膳食纖維 （克）
63 高纖咖哩炒飯		432.2	20.9	13.9	2.4	60.3	4.2	552.6	9.7

營養成分分析　每一份量 360 克，本食譜含 1 份

	菜名	熱量 （大卡）	蛋白質 （克）	脂肪 （克）	飽和脂肪 （克）	碳水化合物 （克）	糖 （克）	鈉 （毫克）	膳食纖維 （克）
79 燕麥核桃護肝粥		250	7	10	1.8	33	2	1128	6

營養成分分析　每一份量 502 克，本食譜含 1 份

	菜名	熱量 （大卡）	蛋白質 （克）	脂肪 （克）	飽和脂肪 （克）	碳水化合物 （克）	糖 （克）	鈉 （毫克）	鉀 （毫克）
		353.9	7.8	7.1	1.29	66.7	3.9	92	525.7

	磷 （毫克）	鈣 （毫克）	鐵 （毫克）
95 整顆番茄炊飯	248.1	25.0	1.6

營養成分分析　每一份量 320 克，本食譜含 1 份

	菜名	熱量 （大卡）	蛋白質 （克）	脂肪 （克）	飽和脂肪 （克）	碳水化合物 （克）	糖 （克）	鈉 （毫克）	普林 （毫克）
106 月桃福袋		106.5	3	2.1	0.4	18.8	0.4	179	10.7

營養成分分析　每一份量 68 克，本食譜含 3 份

	菜名	熱量 （大卡）	蛋白質 （克）	脂肪 （克）	飽和脂肪 （克）	碳水化合物 （克）	糖 （克）	鈉 （毫克）
121 蕎麥麵疙瘩		237.58	7.6	1.1	0.2	48.9	0	229.8

營養成分分析　每一份量 120 克，本食譜含 3 份

全穀

菜名	熱量 （大卡）	蛋白質 （克）	脂肪 （克）	飽和脂肪 （克）	碳水化合物 （克）	糖 （克）	鈉 （毫克）	膳食纖維 （克）
135 素干貝青醬 義大利麵	480.4	16.8	18.6	3.4	66.6	3.0	262	5.3

營養成分分析　每一份量 300 克，本食譜含 4 份

菜名	熱量 （大卡）	蛋白質 （克）	脂肪 （克）	飽和脂肪 （克）	碳水化合物 （克）	糖 （克）	鈉 （毫克）	維生素 A （IU）
147 藜麥本丸	82	2	1	0.2	15.9	0	360	102.2

營養成分分析　每一份量 40 克，本食譜含 10 份

菜名	熱量 （大卡）	蛋白質 （克）	脂肪 （克）	飽和脂肪 （克）	碳水化合物 （克）	糖 （克）	鈉 （毫克）
161 酪梨 皮塔餅	232	11.1	9.5	2.8	26.5	0	432

營養成分分析　每一份量 150 克，本食譜含 1 份

菜名	熱量 （大卡）	蛋白質 （克）	脂肪 （克）	飽和脂肪 （克）	碳水化合物 （克）	糖 （克）	鈉 （毫克）	膳食纖維 （克）
181 日式 什錦飯	456.1	22.6	8.8	1.9	75.4	11.0	955.6	7.0

營養成分分析　每一份量 210 克，本食譜含 2 份

菜名	熱量 （大卡）	蛋白質 （克）	脂肪 （克）	飽和脂肪 （克）	碳水化合物 （克）	糖 （克）	鈉 （毫克）
191 松露野菇 燉飯	252	5.7	7.2	1.9	41.4	0.88	777

營養成分分析　每一份量 160 克，本食譜含 1 份

CONTENTS 目錄

菜名	熱量 (大卡)	蛋白質 (克)	脂肪 (克)	飽和脂肪 (克)	碳水化合物 (克)	糖 (克)	鈉 (毫克)	維生素 C (克)
137 彩椒鑲蛋	133.2	8.6	6.0	1.8	12.8	0.1	250	134.2

營養成分分析　每一份量 180 克，本食譜含 4 份

菜名	熱量 (大卡)	蛋白質 (克)	脂肪 (克)	飽和脂肪 (克)	碳水化合物 (克)	糖 (克)	鈉 (毫克)	維生素 A (IU)
149 蒜香奶油野菇烤甜椒	82.5	2.7	3.5	1.7	13.1	1.1	466.8	1283.75

營養成分分析　每一份量 200 克，本食譜含 4 份

菜名	熱量 (大卡)	蛋白質 (克)	脂肪 (克)	飽和脂肪 (克)	碳水化合物 (克)	糖 (克)	鈉 (毫克)	
163 金沙豌豆	102	5.7	3.8	0.8	15.4	0	300	

營養成分分析　每一份量 105 克，本食譜含 2 份

菜名	熱量 (大卡)	蛋白質 (克)	脂肪 (克)	飽和脂肪 (克)	碳水化合物 (克)	糖 (克)	鈉 (毫克)	膳食纖維 (克)
	209.9	5.4	13.6	2.4	19.4	8.4	237.1	2.4

維生素 C (毫克)
182 溫沙拉
40.4

營養成分分析　每一份量 176 克，本食譜含 2 份

菜名	熱量 (大卡)	蛋白質 (克)	脂肪 (克)	飽和脂肪 (克)	碳水化合物 (克)	糖 (克)	鈉 (毫克)
193 地中海果蔬沙拉	215	7.0	4.3	1.29	43.4	13.8	717

營養成分分析　每一份量 145 克，本食譜含 1 份

CONTENTS 目錄

菜名	熱量 （大卡）	蛋白質 （克）	脂肪 （克）	飽和脂肪 （克）	碳水化合物 （克）	糖 （克）	鈉 （毫克）	膳食纖維 （克）
139 義式蔬菜燉湯	89.0	3.5	2.8	0.4	14.5	1.1	136.4	2.4

營養成分分析　每一份量 420 克，本食譜含 4 份

菜名	熱量 （大卡）	蛋白質 （克）	脂肪 （克）	飽和脂肪 （克）	碳水化合物 （克）	糖 （克）	鈉 （毫克）	維生素 A （IU）
151 護眼濃湯	325	10.8	12.9	3.7	42	11	807	9469

營養成分分析　每一份量 450 克，本食譜含 1 份

菜名	熱量 （大卡）	蛋白質 （克）	脂肪 （克）	飽和脂肪 （克）	碳水化合物 （克）	糖 （克）	鈉 （毫克）	膳食纖維 （克）
165 元氣蔬菜湯	33	0.6	2.2	0.4	3.3	0	223	1.5

營養成分分析　每一份量 150 克，本食譜含 1 份

菜名	熱量 （大卡）	蛋白質 （克）	脂肪 （克）	飽和脂肪 （克）	碳水化合物 （克）	糖 （克）	鈉 （毫克）	鉀 （毫克）
187 羅勒綠櫛瓜核桃湯	196	6.5	16	2	12.5	1	62	957

次亞麻油酸 （毫克）
1015

營養成分分析　每一份量 350 克，本食譜含 3 份

菜名	熱量 （大卡）	蛋白質 （克）	脂肪 （克）	飽和脂肪 （克）	碳水化合物 （克）	糖 （克）	鈉 （毫克）	維生素 B6 （毫克）
195 牛蒡紅棗枸杞湯	261	5.3	4.3	22.9	17.4	6.7	3.16	0.4

營養成分分析　每一份量 600 克，本食譜含 1 份

CONTENTS 目錄

菜名	熱量 (大卡)	蛋白質 (克)	脂肪 (克)	飽和脂肪 (克)	碳水化合物 (克)	糖 (克)	鈉 (毫克)	β- 胡蘿蔔素 (微克)
153 堅果南瓜 親子球	84	3.2	5	0.6	11	1.5	10	455

營養成分分析　每一份量 30 克，本食譜含 10 份

菜名	熱量 (大卡)	蛋白質 (克)	脂肪 (克)	飽和脂肪 (克)	碳水化合物 (克)	糖 (克)	鈉 (毫克)	膳食纖維 (克)
167 香蕉莓果 奶昔	236	8.5	8.1	0.04	35	0	120	2

營養成分分析　每一份量 320 克，本食譜含 1 份

菜名	熱量 (大卡)	蛋白質 (克)	脂肪 (克)	飽和脂肪 (克)	碳水化合物 (克)	糖 (克)	鈉 (毫克)	維生素C (毫克)
185 綠茶 水果蕨餅	172.3	0.6	0.2	0.0	42.6	7.4	3.3	34.0

營養成分分析　每一份量 220 克，本食譜含 3 份

菜名	熱量 (大卡)	蛋白質 (克)	脂肪 (克)	飽和脂肪 (克)	碳水化合物 (克)	糖 (克)	鈉 (毫克)	可可多酚 (毫克)
197 紅莓 黑巧克力	261	5.3	4.3	22.9	17.4	6.7	3.16	200~250

營養成分分析　每一份量 48 克，本食譜含 1 份

菜名	熱量 (大卡)	蛋白質 (克)	脂肪 (克)	飽和脂肪 (克)	碳水化合物 (克)	糖 (克)	鈉 (毫克)	鈣 (毫克)
113 薑汁撞奶	142.7	7.2	2.9	2	22.4	24.3	84.7	227.8

營養成分分析　每一份量 172 克，本食譜含 1 份

※ 普林含量計算資料來源：Shmeul Halevi. Gout and Purine content in foods

環保簡約　茹素救地球

文／顏博文（佛教慈濟慈善事業基金會執行長）

我的職業生涯一直都在半導體產業，加入慈濟之後，因為受到證嚴上人的感召深刻見證全球災難頻傳，毅然於 2017 年 6 月退休，決心跟隨證嚴上人全心全力投入慈濟，為地球的永續付出一分心力。

回首過去，新冠疫情、天然災害、政治衝突、貿易冷戰、俄烏戰爭、以巴衝突等紛至沓來，全球災難不斷，嚴重影響經濟發展和民生脈動，通貨膨脹更是繼新冠疫情後重擊經濟弱勢國家及社會底層的沉重負擔。每年元月全球工商、政治、學術、媒體等領域的領袖人物齊聚的世界經濟論壇（World Economic Forum, 簡稱 WEF）所發布的《全球風險報告書》（Global Risk Report），2021 至 2024 連續四年的主題觸目驚心，分別是 Fragmented Future（破碎的未來）、Worlds Apart（分裂的世界）、Today's Crisis, Tomorrow's Catastrophes（今日危機明日災難）、Deteriorating Outlook（持續惡化）。然而回首深思，這些年度預估非常準確而貼切。

世界經濟論壇為未來的關鍵全球風險，依嚴重程度的排名序列值得警惕——未來十年的前十大風險中，環境面風險就占 4 項——「極端氣候事件」、「地球模式重大變化」、「生物多樣及生態崩壞」、「自

然資源匱乏」。

　　蘊育萬物的大環境在危脆時刻，瀕危呼救、更對全人類帶來威脅，當今之計唯有加強國際合作，更重要的是必須對氣候變遷展現更一致的共識與行動。除此之外，我們每個人更要從自身做起，茹素、環保、簡約生活，每個人都出一分力，朝向永續發展的目標，讓地球恢復生機。

　　為接引更多的一般民眾接受茹素護地球的理念，並引領青年世代迎向蔬食潮流，慈濟擇定車水馬龍的松山火車站旁，規畫全素食的新創基地「植境複合式概念館」，我們期許「植境」的啟用，讓人們可以來這裡逛展、品書、嚐鮮、放空、聽課、習廚，全身心地感受素食的多樣、可口、健康與豐盛，接引各界的民眾走進來，讓素食人口更增長。

　　比爾蓋茲 Bill Gates 在著作《如何避免氣候災難》（HOW TO AVOID A CLIMATE DISASTER）一書中細究各主要行業的溫室氣體排放，發現電力占溫室氣體排放 25％高居第一；而農業佔溫室氣體排放 24％緊追在後，其中負責供應肉食的畜牧業佔比高達 14.5％；再其次才是製造業 21％、運輸業 14％。如果我們將牛的數量及碳排假設為一個國家，這個「牛國」的溫室氣體排放排名是全球第三，僅次於中國大陸及美國，而且還超越印度（Source: UNFCCC, European Commission, UNFAO）。

　　書中提到「全球氣候已經到了必須好好控管飼養牲畜甲烷排放量的地步」畜牧由何而生？是因人類的口腹之欲。數據讓我們更能正視人類每餐飲食對地球造成的巨大影響！透過蔬食，我們每一個人、每一天，都能為淨零碳排做出決定與貢獻。

　　蔬食的飲食習慣，是人類與萬物生態平衡的和諧狀態，不但能減少許多病從口入的健康風險，時至今日，更印證蔬食能保護地球環境，

與大自然共生息。環保與推動素食之迫切，跟地球每個住民息息相關。

記得我在念研究所、開始工作之際，開始接觸與探究佛法及靈性議題，久之，自然生起「不跟動物結惡緣」的心念；後來因為工作忙碌，腸胃不適看診，醫生的回答讓我印象很深刻，他告訴我，我的症狀解方有三：吃藥只占三分之一、三分之一是心理、還有三分之一得靠飲食才能根本改善。

這個契機促成我和同修玫芬更積極嘗試素食，沒想到幾次吃完素食餐，我都會感覺腸胃特別舒服。從此我從自己做起，下定決心不再吃肉、請同修玫芬改煮素食、外出也盡量選擇全素或奶素食物，逐步修訂成全素食，由身心靈根本照顧全家健康。

慈濟醫療志業以「守護生命、守護健康、守護愛」為宗旨，林俊龍執行長以其四十多年臨床經驗，體會到現代醫療對心臟血管疾病只能治標，深入探討後發現素食是最健康的飲食方式，因此積極推動素食觀念，並引領慈濟醫療團隊以科學方法探討素食與健康相關議題，在國際期刊發表的論文中，用心說明素食者有較低風險的心血管疾病、痛風、膽固醇和膽結石、憂鬱症、糖尿病等罹患率，並降低健保醫療支出。

此書的出版，就是將「慈濟素食世代資料庫」的國際論文發表予以匯集統整，讓所有關心健康、關心飲食、關心地球的朋友，得以閱讀、得以印證，並且能用實質的研究與數據堅定素食、推廣素食。

新冠病毒的出現令全球恐慌，上人不忍眾生飽受疾疫所苦，追本溯源，一切都源自人心及口腹之欲，遂而慈示應以「大哉」取代「大災」，虔誠恭敬領受這分「大哉教育」，唯有環保、簡約才是地球的最佳良方；唯有虔誠、茹素才是人類的最佳妙藥。

科學方法研究 驗證素食益生

林俊龍（佛教慈濟醫療財團法人執行長暨心臟內科專科醫師）

我的行醫生涯是在美國開展的，執業期間發現很多心臟血管阻塞的冠狀動脈心臟病人，病情總是不斷反覆發作，遍查文獻之後發現素食才是解決之道，為了說服病人改變飲食習慣，我帶頭先開始素食，一試之後，感受到素食能減輕身體負擔，也不影響日常忙碌的醫療工作，就一直茹素到現在，已經超過 40 年了。

當時看到不少素食相關文獻來自於基督復臨安息日會（Seventh-day Adventist）的健康研究機構。位於美國加州的羅馬琳達市（City of Loma Linda）有很多基督復臨安息日會的教友，75% 的人吃素，超市、便利店裡漢堡、熱狗什麼都有，但全部都是素的，可以說是當地居民以自身飲食習慣去影響並打造出一個素食友善的城市，而全世界最大的素食研究資料庫也正位於此。

▲ 林俊龍執行長帶領慈濟醫療團隊投入 WHO 世界衛生組織「HPH 健康促進醫院國際網絡」，並屢獲獎項肯定。

1995 年受證嚴上人感召，我回到臺灣到花蓮慈濟醫院擔任副院長，臨床工作忙碌，研究也從未放下。2000 年我被指派擔任大林慈濟醫院啟業院長，除持續帶領團隊進行相關研究，並建立了慈濟的素食世代資料庫，針對素食者對比葷食者與疾病的關聯性，累積臺灣本土素食研究的實證成果。

近 20 年 WHO 世界衛生組織賦予「健康」新的定義，不只是沒有疾病或虛弱，而是一種身體、心理和社會適應的完整狀態，能在社會上發揮良能。如《黃帝內經》所寫的「下醫治已病，中醫治欲病，上醫治未病」，也是我們在醫療上的三部曲，「上醫治未病」就是積極的預防醫學，也就是「健康促進」，我們透過這些年來的科學研究，的確證實素食飲食是健康促進的好辦法。

感恩人文傳播室同仁為了將艱深的研究論文成果讓更多民眾理解，花費心力編撰此書，以淺顯易懂的圖文，展現慈濟醫療法人現階段的素食研究成果。本書列出**素食可以降低風險的十大類疾病**，有些是我們討論覺得可行而選定的疾病，**例如中風**；有些則是為了打破社會上的迷思，例如痛風，過去很多人說痛風者不能吃素，因為豆類含高普林。所以我們特地進行研究，結果明白顯示吃素的人比起吃葷的人，血中尿酸值較低。**痛風，不是豆類食物的錯**。

慈濟醫療法人執行長
林俊龍醫師（排序為 489,814）

◀「全球前 2% 頂尖科學家榜單（World's Top 2% Scientists）」是由美國史丹佛大學與愛思唯爾（Elsevier 研究集團）共同合作發布，2023 年底公布 2022 年度科學家榜單。

白內障，是一種氧化造成的眼部疾病，因為氧化讓水晶體變渾濁。素食相對讓身體氧化的進程減緩，所以**素食者的白內障發生率也較葷食者為低**。英國也有素食者罹患白內障比較少的研究發表。

至於泌尿道感染，素食者的發生率也比較低，主要原因是腸道菌，因為人體的生殖器跟肛門很近，擦拭清理的時候可能讓腸道菌跑到泌尿道。我簡單比喻，「吃素的人，他的大腸菌是善良的；肉食者，他的大腸菌是凶悍的」，所以**不好的腸道菌就可能造成泌尿道感染**。

憂鬱症跟吃素的關係也與腸道菌有關。「腸腦軸（gut-brain axis, GBA）」，這個理論慢慢被證實，**腸道菌會影響腸子到腦之間的溝通聯繫**，也影響全身上下的健康。因此，腸道菌叢的菌相，是我們進行研究中的第二大主題，希望未來能夠研究出素食者、葷食者與不同腸道菌叢菌相之間的關係。

英國有一篇世代統計研究智商與社會地位的相關性，卻意外**發現智商高的人，吃素的比例比較多**，這也促使我們去思考研究素食與基因的相關性，因此與中研院展開素食基因定序的研究合作。

這幾年 COVID-19 新冠疫情打亂了世界的節奏，期間有研究證實素食者確診發生重症的比例降低很多，其中也有台北慈濟醫院團隊的論文實證。此外，葷食就需要畜養大量動物，整個畜牧產業鏈的循環已經造成了全球溫室效應、極端氣候，而且也已經破壞了地球上生物的多樣性，每天都有物種因此而消失。如果多一個人素食，不吃肉，就有機會多救一種生物。素食與護生息息相關，於心不忍的慈悲心，讓我們在勸素推素上更加努力。

　　回顧過往，從拿到第一本《證嚴法師的慈濟世界》黃皮封面小冊子開始，我的人生方向有了轉變，經過第一次實地參訪花蓮靜思精舍，當面向證嚴上人請益，我更加確認慈濟是 Buddhism in Action ——身體力行的佛教，完全符合我學佛多年，心心念念理想中的佛教精神與樣態。上人將慈悲濟世理念化為步步踏實的行動，深深打動務實的我。加入慈濟前，為了病人健康我已經茹素多年；加入慈濟後，我跟著師父的腳步，做好義診、醫療本分事，也更加努力推動素食並推展科學研究。未來，我的心願是永續推動素食與科學研究，增進花東民眾的醫療福祉，推廣健康促進理念，優化醫療資訊，利他、共善亦是利己。

　　感謝所有參與研究與發表論文的醫師、學者、研究人員、統計分析師、資訊工程師、營養師，共同將臺灣的素食研究成果在國際知名期刊上發表，也藉此機會感謝長期研究合作的臺灣素食營養學會祕書長邱雪婷教授。感恩參與本書撰文的慈濟基金會顏博文執行長於百忙中賜稿，更感恩靜思人文協力出版。

　　感恩慈濟醫療法人各家醫院的茹素醫師現身見證，可惜篇幅有限，不能讓所有慈濟茹素醫師都分享個人的飲食與生活經驗。感恩花蓮慈濟醫院營養師們設計食譜，解說食材成分。感恩原水文化編輯群協助拍攝精美食譜，讓營養的素食餐點可以在家簡單烹煮，全家人一起茹素促進健康。

　　促進健康其實很簡單，讀者們只要以正確的飲食方式，加上良好的生活習慣，搭配適量運動以及足夠的休閒及睡眠就可以了。全世界醫師們投入科學研究、發表論文證實素食有益健康者不勝枚舉，我們會繼續努力累積科學證據，推廣素食。

▲ 林俊龍執行長受邀參與立法院永續健康飲食推廣與減碳效益公聽會，發表素食飲食值得推廣的三大效益。

PART 1

素食保障心血管健康

素食根治冠心病，開始臺灣的實證研究

我擔任心臟內科醫師已經超過 45 年了，心臟疾病的發生不但沒有減少，反而隨著經濟繁榮而日漸增多，疾病嚴重度也沒有下降，這是因為民眾吃得太豐富，各類吃到飽餐廳的設立，造成營養過剩，尤其是肉類、糖分、澱粉的過度攝取，更是造成心腦血管疾病與糖尿病連年高居死因前十名的重要因素。

回顧 2022 年臺灣十大死因，癌症與心臟疾病已經多年雄霸前二名，排序第五的腦血管疾病與第六的糖尿病雖然因為嚴重特殊傳染性肺炎（COVID-19）而後退一名，但年增率卻名列前茅，其中名列第二的高血壓性疾病年增率多了 10.6％，而排序第三的心臟疾病增加了 8.3％，第四的糖尿病則是增多了 7.3％。（資料來源：110 年國人死因統計結果 https://www.mohw.gov.tw/cp-16-70314-1.html）

心臟疾病有很多種類，包括：先天性心臟病、風濕性心臟病及冠狀動脈心臟病，近四、五十年來，先天性的心臟病例減少，抗生素的發明出現之後，風濕性心臟病得以治癒，從此案例也減少了，剩下的大宗都是冠狀動脈心臟病。

冠狀動脈心臟病主要由血管硬化引起，我在美國執業的時候，距今五十年前，還沒有置放支架及氣球擴張的心導管介入療法，唯一治療冠心病的方法就是動手術，但病人動手術後隔幾年又發病，又要再動刀，過幾年又再次發病、再動手術……甚至能拿去接心臟繞道的手上、腳上的血管都用光了，病人過不久又還是發作了……

心血管疾病的根源——高膽固醇（高血脂）、高血糖、高血壓，現在大家都知道的「三高」，我再加上一個「高體重肥胖」，有「四

高」，導致病人因為同樣的心血管問題不停反覆就醫治療，讓我不得不去思考，會不會有更好的解決方法。我首先瞭解，開刀只是治標，不能治本，就到圖書館去找資料，翻查文獻，發現原來要從飲食改起。

有許多國際研究的文獻支持，毫無疑問，素食是最好治療冠心病的方法，我就開始教導我的病人，在開刀前、開刀後都吃素，採取「三低一高」的飲食模式——低鹽、低油、低糖、高纖維，效果很不錯，病人的再發病率降低了。所以當我 1996 年從美國回到臺灣之後，就把這個理念帶回來，在心臟科診間跟病人宣導素食，也從那時就開始用科學的方法來證明素食飲食的效果。

2000 年我接任大林慈濟醫院院長的同時，素食論文的研究工作沒有停歇，到 2005 年著手進行素食世代資料庫的建立，也陸續展開一系列的素食世代研究，而且連結健保資料庫進行更深入的分析，到 2022 年 3 月已發表 17 篇論文。慈濟醫療法人各醫院也陸續有醫師投入素食研究，發表很好的成果。

慈濟素食世代資料庫研究目前最新的進展，是與中研院合作，收集臺灣的基因庫資料進行基因定序，想了解素食與基因及疾病生成之間的關聯性。其中一大主題是關於腸道菌的研究，期許透過細菌的 DNA 來將菌相分類，再進行基因定序（genetic mapping），證實素食者的菌叢長相可能養出對於身體有幫助的「益生菌」。

素食飲食，有助於身心靈的健康，以及保護地球及自然生態，透過科學的實證得到證明，能引導更多人，甚至全世界所有的人選擇素食飲食的生活常態，讓所有動物的生命不再成為人類口中的食物，這是我們努力的終極目標。

在建立慈濟素食世代資料庫之前，我完成了三篇素食研究論文發表。血管硬化是我回臺灣做的第一個素食研究主題，總共發表二篇研究論文。第一篇研究論文是在 2000 年 12 月被《Atherosclerosis（動脈粥狀硬化）》期刊接受；2001 年被刊登，篇名：「Vascular dilatory functions of ovo-lactovegetarians compared with omnivores（蛋奶素食者與葷食者的血管擴張功能之對比）」。

另一篇是在 2004 年《European Journal of Clinical Nutrition（歐洲臨床營養期刊）》發表的「Insulin sensitivity in Chinese ovo-lactovegetarians compared with omnivores（蛋奶素食者與葷食者的胰島素敏感性之對比）」，是以糖尿病為主題的研究。

素食者的血管彈性比葷食者的高四倍

血管硬化的最主要原因是內皮細胞功能變差，原本柔軟有彈性的血管逐漸變硬，體內的膽固醇跑到內皮細胞底下，造成囤積，血管壁彈性變差，最後塞住，也就是醫學上稱的「心血管栓塞」，就容易心肌梗塞。

我們邀請來到花蓮慈濟醫院值勤的梯次醫療志工，20 位素食、20 位非素食，共 40 位，相同年齡層的男性及女性各半，請他們簽署同意書參與研究，研究主題是比較葷食與素食者的內皮細胞功能差異。

一般人或許會有疑問，比較兩組，每組只有 20 個人的樣本數，怎麼能代表地球幾億人？統計學告訴我們，只要統計學上有明顯差異，20 個樣本數就足夠了。

我套用國外檢查內皮細胞功能的方法，用血壓計緊箍住手臂，阻斷血流，再鬆開的時候，血管就會擴張，量測前後的血管直徑差異，就代表內皮細胞功能的好壞。

用血壓計緊箍住手臂、血流暫時停止時，照一張超音波；3 分鐘以後鬆開，血管恢復彈性，再照一次超音波。量測之前與之後的超音波照的血管直徑厚度，前、後直徑厚度的差別愈大，表示血管愈有彈性，內皮細胞功能愈好。每一個受測者做一次這樣的研究，大概要花半天的時間，非常感謝他們的協助與配合。

研究結果出來，素食者比葷食者的血管彈性好了四倍之多，而且吃素的年限愈長，彈性愈好。這樣的結果，讓人振奮，素食的好處是毫無疑問的，「Vascular dilatory functions of ovo-lactovegetarians compared with omnivores（蛋奶素食者與葷食者的血管擴張功能之對比）」，這是我在臺灣臨床取得的第一手、第一篇的科學實證素食論文。

[研究論文] 蛋奶素者與葷食者的血管擴張功能之對比

Vascular dilatory functions of ovo-lactovegetarians compared with omnivores

登載期刊／年分 Atherosclerosis《動脈粥狀硬化》 / 2001 年

文獻位址 Atherosclerosis 158（2001）247–251. doi: 10.1016/S0021-9150（01）00429-4

作者群 林俊龍（時任大林慈濟醫院院長）、方德昭（時任花蓮慈濟醫院內科醫師）、龔敏凱（時任花蓮慈濟醫院放射科醫師）

【論文摘要中譯】

素食者的血壓較低，心血管致死率也較低。素食飲食可能對於內皮細胞及相關功能有正向的影響，而能降低心血管疾病風險。

本研究的目的，是要評估中年素食者與葷食者在出現動脈粥樣硬化的任何臨床症狀之前的血管擴張功能的差異。受試者的性別及年齡因素已排除。

本研究招募了 20 名 50 歲以上的健康素食者和 20 名 50 歲以上的健康葷食者，排除動脈粥樣硬化危險因素的受試者，如高血壓、糖尿病、肥胖、高膽固醇血症、抽菸、心血管疾病家族史或服用任何常規藥物。研究記錄受試者的病史、體重、身高及素食年數。

血液、尿液分析和生化數據，例如：空腹血糖、甲狀腺功能、血尿素氮、肌酐、血清電解質（鈉、鉀、氯化物、鈣、鎂）、血脂組合（總膽固醇、三酸甘油酯、高密度膽固醇 HDL、低密度膽固醇 LDL）是在禁食 14 小時後測試。

血壓和心率，是採仰臥位記錄。血管擴張功能，包括（內皮依賴性）的血流介導和（無內皮依賴性）硝酸甘油誘導兩種，是藉由非侵入性超音波進行評估。

結果顯示，素食者和葷食者之間的基線特徵沒有顯著差異。這兩組之間的血清葡萄糖、脂質特徵和甲狀腺功能也沒有顯著差異。然而，素食組的血管擴張反應（血流介導和硝酸甘油誘導的）明顯更好，血管舒張的程度似乎與素食年數相關。我們的研究結果證明，素食本身對血管內皮和平滑肌功能有直接的益處，可能有助於降低動脈粥樣硬化和心血管死亡的發生率。

胰島素阻抗的敏感性，素食遠離糖尿病

第二篇素食論文，我選擇糖尿病為主題〔論文2〕。

糖尿病有兩種，先天的第一型糖尿病是本身胰島素不足，大部分人都是後天造成的第二型糖尿病。

一般人只知道糖尿病就是血糖過高造成的，其實罹患糖尿病，是身體對胰島素的敏感度不夠。胰島素的作用是降低血糖，第二型糖尿病人的血液裡不是沒有胰島素，只是他身體對胰島素的敏感性不夠，無法去消滅多餘的血糖。所以對於糖尿病人的治療，是提供他高出正常人好幾倍的胰島素的量，讓濃度夠高到喚醒細胞裡的胰島素去處理血糖。

舉例來說，如果兩個人的胰島素相同的情況下，糖尿病人對胰島素不敏感，胰島素對血糖不作用、反應不好，血糖就會高。所以我們以素食及葷食對照組，採空腹及注射胰島素後的前、後抽血檢查數據來比較差別。

研究結果也很令人欣喜，素食者的胰島素敏感性較葷食者高，而且素食年數愈長，敏感性愈好。

[研究論文] 蛋奶素食者與葷食者的胰島素敏感性之對比

Insulin sensitivity in Chinese ovo-lactovegetarians compared with omnivores

登載期刊／年分 European Journal of Clinical Nutrition《歐洲臨床營養期刊》／ 2004 年

文獻位址 European Journal of Clinical Nutrition（2004）58, 312–316. doi: 10.1038/sj.ejcn.1601783

作者群 林俊龍（時任大林慈濟醫院院長）、郭錦松（時任大林慈濟醫院新陳代謝科主任）、賴寧生（現任大林慈濟醫院院長）、何橈通（臺北榮民總醫院內分泌新陳代謝科特約主治醫師）

【論文摘要中譯】

目的　比較華人的素食者與葷食者的胰島素敏感性指數。

方法　本研究包括 36 名空腹血糖值正常的健康志願者（素食者 19 人、葷食者 17 人）。每位參與者都完成了胰島素阻抗測試。我們比較了穩定狀態血糖（SSPG）、空腹胰島素，組間胰島素敏感性（HOMA-IR 和 HOMA％S）和 b 細胞功能（HOMA％β）的穩定狀態評估。我們還測試了 SSPG 與素食年數的相關性。

結果　參與研究的葷食者比素食者年輕（55.7±3.7 歲 vs 58.6±3.6 歲，P = 0.022）。兩組在性別、血壓、腎功能檢查和血脂水平方面沒有差異。葷食者有更高的血清尿酸水平，高於素食者（5.25±0.84 vs 4.54±0.75 mg/dL，P = 0.011）。葷食者和素食者的指數結果不同（SSPG（mean±s.d.）105.4±10.2 vs 80.3±11.3 mg/dL，P < 0.001；空腹胰島素，4.06±0.77 vs 3.027±1.19 µU/ml，P = 0.004；HOMA-IR, 6.75±1.31 vs 4.78±2.07, P = 0.002; HOMA　％ S, 159.2±31.7 vs 264.3±171.7％, P = 0.018），胰島素分泌指數（HOMA％β）（65.6±18.0 vs 58.6±14.8％，P = 0.208）除外。我們發現素食年數與 SSPG 之間存在明顯的線性關係（r = -0.541，P = 0.017）。

 結論　素食者比對照組葷食者對胰島素更敏感。胰島素敏感性的程度似乎與素食飲食的年數有關。

臺灣素食者的心血管較健康

第三篇研究論文在 2007 年發表，主題是心血管疾病的風險，跟第二篇一樣刊登在《歐洲臨床營養期刊》。

我們在大林慈濟醫院邀請 200 位受測者，後來有兩位不符條件，最終是 198 位，葷、素食者各一半，分兩組來比較對照；量測空腹時的血壓、低密度及高密度膽固醇、三酸甘油酯等數值，做為比較心血管狀態的基準（研究統計上稱 baseline，基線）。整體結果，也是素食者罹患心血管疾病的風險較低。

2001 年到 2007 年發表的前三篇素食論文，研究資料的類型屬於「橫斷性研究（cross sectional study）」，就好像你拿刀橫切一整條法國麵包的時候，一切下去的那個橫斷面，只針對這個橫斷面來分析，而沒有辦法了解隨著時間拉長會發生的變或不變。

透過前三篇論文，我們發現或許素食愈久會愈健康，所以我開始發想建立一個素食世代研究資料庫。

資料庫裡面，可以有同一個被研究者累積了 10 年、20 年的數據資料，讓研究結果能經得起時間的考驗，得到的驗證更加具有意義，也有機會從中找出原因與結果之間的相關性。

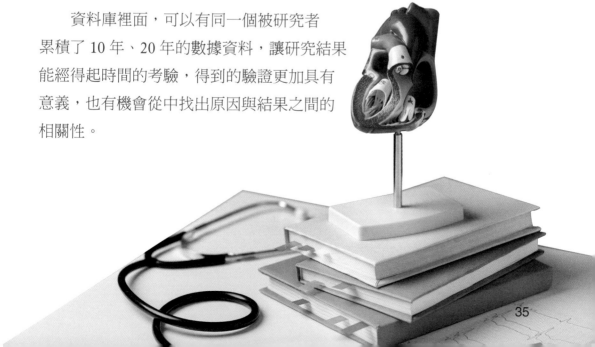

35

[研究論文] 臺灣素食者的心血管疾病之風險概況
Total cardiovascular risk profile of Taiwanese vegetarians

登載期刊／年分 European Journal of Clinical Nutrition《歐洲臨床營養期刊》 / 2007 年

文獻位址 Eur J Clin Nutr. 2008 Jan;62（1）: 138-44. doi: 10.1038/sj.ejcn.1602689 Epub 2007 Mar 14.

作者群 林俊龍（時任大林慈濟醫院院長）、陳志暐（時任大林慈濟醫院心臟內科醫師）、林英龍（大林慈濟醫院家庭醫學科醫師）、林庭光（大林慈濟醫院醫祕暨心臟內科醫師）、林志達（大林慈濟醫院心臟內科醫師）、陳炳臣（大林慈濟醫院心臟內科醫師）

【論文摘要中譯】

背景 雖然素食飲食對健康的好處，在西方人口已得到充分證實，但考量素食飲食有地理差異，且臺灣素食飲食的健康益處尚未被廣泛研究。預測第一次發作動脈粥狀硬化血栓的原因，除了傳統的危險因素之外，「同型半胱氨酸」和「高敏感生的 C 反應蛋白（hs-CRP）」發炎指數，這兩項是近年來發現有關的預測因素，我們以此推測進行了這項研究，以檢查臺灣素食人口罹患心血管疾病的總體風險。

研究方法 招募 198 名健康受試者；99 名素食者及 99 名葷食者。空腹量測血糖、膽固醇、三酸肝油酯、高密度脂蛋白膽固醇（HDL-C）、低密度脂蛋白膽固醇（LDL-C）、白血球量、hs-CRP 和「同型半胱氨酸」指數。

結果 素食及葷食兩組在年齡、體重指數（BMI）、血糖、白血球、三酸肝油酯和高密度脂蛋白膽固醇之間無差異。

素食組的女性偏多（65.7％ vs 46.5％），體重較輕（58.66±11.13 vs 62.88±12.24 公斤），身高較矮（159.14±7.88 vs 162.53±8.14 公分），總膽固醇較低（184.74±33.23 vs 202.01±41.05 mg/dL），低密度脂蛋白膽固醇較低（119.63±31.59 vs 135.89±39.50 mg/dL）。

「高敏感生的 C 反應蛋白（hs-CRP）」發炎指數明顯較低（0.14±0.23 vs 0.23±0.44 mg/dL, P = 0.025）；而素食組的「同型半胱氨酸」顯著高於葷食組（10.97±6.69 vs 8.44±2.50 μmol /l, P = 0.001）。

結論

- 臺灣素食者的總膽固醇、低密度膽固醇和 hs-CRP 低於葷食者，「同型半胱氨酸」高於葷食者。雖然每項風險因素的預測值不同，臺灣素食者比起葷食者，有較好的心血管狀態，罹患心血管疾病的風險較低。

- 至於臺灣素食者是否需補充維生素 B12 來降低血清「同型半胱氨酸」，有待進一步研究。

動脈粥狀硬化血栓

人體血液循環系統中的動脈血管壁會隨著年齡增長而變厚並逐漸失去彈性，如果脂肪攝取量過高，膽固醇會在動脈的血管內壁堆積，變成像黏稠稀飯一樣的「粥狀斑塊」，造成動脈狹窄，導致血管阻塞，稱為「動脈粥狀硬化」。

如果動脈內的硬化斑塊破裂，血小板就會靠過來在血管內的損傷處大量堆積，就形成血栓，使血管在極短時間內完全阻塞，容易發生猝死。動脈粥狀硬化栓塞會促成多種腦血管或心血管疾病的發生。

當動脈變窄的部分瞬間被血塊完全阻塞，降低心臟輸血能力，導致心肌細胞因缺氧而壞死，病人會出現劇烈胸痛、心絞痛、冒冷汗等現象，也就是「心肌梗塞」。

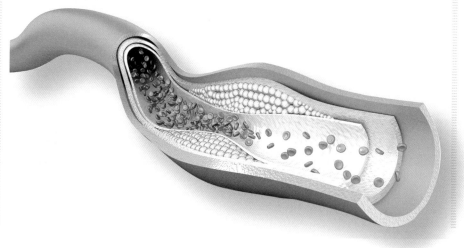

醫生無悔的最佳選擇

余政展　台中慈濟醫院外科部主任

　　隨著自己漸漸懂事，心裡有一個念頭出現，覺得動物跟人一樣有大腦、有神經系統，人如果受傷了會痛，會恐懼死亡，那動物應該也會。所以我在高中一年級時決定我要吃素，不再吃肉。

　　但當時父母非常反對，因為我還在發育期，又要拚功課，怕吃素不夠營養，只是拗不過我的決定，同意我先吃「肉邊素」。其實剛開始吃素時，我也很掙扎，連做夢都夢到自己在吃雞腿。

　　擔任一般外科醫師，我的專長在消化道及肝膽胰手術、腹腔鏡手術及乳房、甲狀腺與疝氣等專科治療。一般人怕不吃肉會體力不夠，但我吃素三十幾年了，開一檯刀，可能要長時間站著，耗時又費力，但我沒有體力不足的問題，反而更能集中精神。事實上，吃素者只要不偏食，不會有營養不良的問題。

　　以往對素食的錯誤觀念是以為要吃稀飯配醬瓜，或是吃很多素雞、素魚、素腸等加工再製品，這些都是很不健康的。如果能選擇多樣顏色的蔬菜、水果，已有許多醫學研究證實，對於身體的排毒、抗氧化、抗癌都有幫助。

例如：深綠色蔬菜之中，我喜歡吃地瓜葉、空心菜、龍鬚菜，紫色的茄子、芋頭、白色的山藥……各種顏色的蔬果均衡吃，而豆漿和豆腐是補充蛋白質的好選擇。

近幾年在台中慈濟醫院，我為不少八、九十高齡的胃癌病人動手術，也鼓勵病人素食。癌症是十大死因的第一位，很多致癌的原因都跟飲食西化有關，攝取了過多的動物性脂肪及動物性蛋白。

且醫學研究發現當癌細胞長大，大到像原子筆尖那麼大的時候，就會開始「接水電」，透過血管不斷增生、變得更大，這時醫師會開立「血管新生抑制劑」治療，藉著抑制癌細胞血管新生，讓癌細胞營養不足而凋零。很多存在於蔬果的營養素成分就有血管新生抑制的作用，例如：大豆裡的大豆異黃酮、葡萄的白藜蘆醇，番茄的茄紅素，綠茶的兒茶素等等。而且蔬果的纖維素也是體內好菌成長的關鍵，可以改善胃腸菌叢，提升健康，三餐多吃蔬食就是最好的抗癌藥，讓癌細胞「斷水斷電」，提升人體免疫力。

植物中含許多植化素與高含量的抗氧化成分，也有許多有益身體健康的作用。而肉食中含有許多致癌物，增加血管硬化風險，並造成身體的慢性發炎，也會引起腸道菌失衡。因此以植物為主的飲食，是醫學公認最健康的飲食。

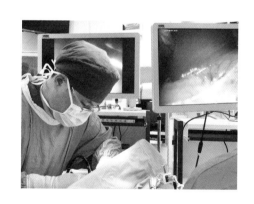

雖然一開始我是因為對動物的愛而選擇素食，但加入慈濟醫院這個素食工作環境之後，才發覺更多吃素對健康的益處，讓我更堅持素食是我身為「醫生」也是「一生」無悔的最佳選擇。

PART 2

全球第三大素食
世代資料庫

慈濟素食世代資料庫，連結健保大數據

2005 年，我們申請到衛生署的研究計畫，想了解素食與癌症發生率的關係，林名男醫師 3 月 1 日到職大林慈濟醫院，我就邀請他接下這項任務，負責此研究專案。

當時中華醫事科技大學食品營養系陳冠如老師的博士班指導教授是負責臺灣飲食研究調查的權威——中央研究院研究員潘文涵教授，陳老師曾參與國民營養調查，感謝陳老師提供「飲食頻率問卷」（FFQ, Food Frequency Questionnaire），以此問卷進行設計調整，定案後開始執行調查。

將兩萬份紙本問卷寄送到全臺灣各慈濟會所，回收 12,062 份有效問卷，填寫者為慈濟志工及家屬、慈濟會員及家屬。

設計「飲食頻率問卷」，受試者自願填寫寄回

有意願的人自行填寫問卷後寄回；問卷的基本資料包括：身分證字號、基本健康狀況（有無慢性病）、用藥狀況、家族史等等；此外，問卷中也從生活習慣：有無運動、抽菸、喝酒、嚼檳榔等癌症的危險因子，來了解是否為高風險族群；飲食調查的問題，則包括：吃素或葷，吃素是：青菜、水果，請回想最近一個月內，XX 食物吃多少？例如：肉吃多少：一天一次、一週三次⋯⋯等等。

2005 年第一個資料庫	2007 ～ 2009 年第二個資料庫
慈濟素食研究（資料庫） （Tzu Chi Vegetarian Study, TCVS）	慈濟健康世代追蹤研究（資料庫） （Tzu Chi Health Study, TCHS）
樣本數：12,062 人	樣本數：6,002 人

一對一訪談，連結健檢資料與健保資料庫

從 2007 年到 2009 年期間，有效受訪對象 6,002 人，77％為慈濟志工，23％為一般民眾。對象是來到大林慈濟醫院接受健檢的大德。受證的慈濟志工每兩到三年可至臺灣四大慈濟醫院登記安排免費健康檢查。慈濟志工的戒律有不菸不酒，且因慈悲護生及環保而鼓勵素食飲食。所有健檢者都是接受兩天一夜的檢查，身高是依同樣的儀器量測，體重與體脂肪是用體脂組成分析儀（生物阻抗分析），靜脈血是於住院隔天早晨空腹抽血，記錄空腹血糖值。

這項大型研究計畫以院內健檢中心的 6,002 位、平均年齡 53 歲的民眾為目標，首先建立每個人的身高、體重、體脂肪、骨密度，與大腸鏡、胃鏡、超音波、抽血等檢查報告，並納入教育程度、飲食習慣、家族史等基本資料，然後由具營養背景的研究助理協助「飲食頻率問卷」，透過七十個以上的問題徹底調查每個人的飲食型態，例如，同樣的食物多久吃一次，一日或一週幾餐吃素等。

慈濟的資料庫具有民眾同質性高的特點，如不抽菸、生活作息相近，差別只在於葷、素不同。因此，以飲食做為暴露的主要危險因子，進而比較素、葷食的結果會更具可信度，當單純化危險因子後，更能證實飲食對健康上的影響與關係。

由專業營養師來與每位受測者進行一對一面談，勾選關於人口統計學、生活方式、飲食、休閒與運動習慣、醫療病史。其中會分辨受

測者是否有糖尿病家族史。飲食習慣則是藉由 64 個項目的食物頻率問卷（FFQ）來判斷。營養成分的計算是以臺灣的食物分類表為基準。血基質鐵成分的測量，是以占總鐵質的比例：牛肉及羊肉 65％、豬肉 39％、雞及魚 26％。

只有在資料庫收集前至少一年都沒有吃肉、魚、任何動物肉類的人，才算是素食者。抽菸者的定義是過去六個月有抽菸，飲酒者是每週至少一次者。

此研究通過人體試驗研究倫理委員會（IRB）審核，每一位受試者都有簽同意書，從收集資料到整理、輸入資料庫系統，總共花了兩年時間才完成。且資料於輸入後，經過驗證功能，確認輸入的資料是正確的。

此資料庫六千多筆，有各項健檢資料，且可以串連健保資料庫。因為臺灣的健保資料庫的涵蓋率 99％以上，串連資料很準確。若需要，也可以與慈濟醫院的病歷資料串連，也是我們研究的範圍。

當研究對象三年後再度回院進行全身健康檢查，著手了解他們的飲食有何改變，研究顯示，與持續葷食者的糖尿病發生率比較，「由葷轉素」和「持續素食者」的糖尿病發生率，大幅降低 3 ～ 50％，同時減少脂肪肝、膽結石等疾病的發生。

慈濟的素食世代資料庫是繼美國基督復臨安息日會教友健康研究（Adventist Health Study），及歐洲癌症暨營養前瞻調查的牛津研究（EPIC-Oxford）之後，全球第三大的素食資料庫。

現在有愈來愈多研究證實素食對人體健康有莫大助益，並且能友善地球環境，接下來，慈濟醫療團隊會探討素食對於免疫風濕疾病、心臟血管疾病等臨床研究與持續追蹤，來照顧民眾的健康及預防疾病產生，更呼籲人人都能藉由改變飲食，讓自己活得更長壽快樂，地球環境也能更健康。

當然，若是糖尿病這一類的慢性疾病，有少部分人尚未以健保身分看診糖尿病，所以涵蓋率不及中風一類的疾病。即使資料庫研究的追蹤比率達90％以上，還是有一小部分人的資料無法與健保資料庫串連。

以前的研究方法，是事隔五年、十年之後，要再發一次問卷去調查同樣的受測者，詢問這段期間有什麼變化，而且回收率一定會很低，頂多50％就算多了，但建立了素食世代資料庫之後，且連結健保資料庫，除非發生身分證字號有誤的狀況，不然我們都查得到，就能做資料比對。

臺灣有很多資料庫都是非常好的，包括：死亡資料、癌症等級等等，追蹤率非常高，有利於研究分析；套用資料後，馬上可以清楚知道，吃素的跟吃葷的，得癌症的有幾個人？死亡的有幾個人？罹患什麼病的有幾個人⋯⋯

我們陸續進行的研究，主要是後來的第二個世代資料庫，多數研究也會同時運用到兩大資料庫。而相較於只利用健保資料庫分析，我們因為有飲食型態調查問卷，這個就是我們的強項。

從葷轉素能降低糖尿病發生率最高達50％，並能減少脂肪肝與膽結石等疾病發生！能夠得到這樣的研究成果，來自慈濟醫療志業創立全球第三大、亞洲最完整的「素食營養世代研究資料庫」。

　　2005 年我與林名男副院長合作向國民健康署申請飲食與健康的研究計畫，並逐步發展出全球第三大的資料庫，成為國際素食營養領域研究的重要資產。

　　2018 年 2 月我們帶領慈濟研究團隊至美國參加每五年舉辦一次的國際素食營養大會（7th International Congress on Vegetarian Nutrition），第七屆大會中有來自 36 國家地區代表、逾 750 人參與，慈濟醫療團隊也發表「素食可降低中風的發生率」等多篇論文。

　　而臺灣素食營養學會祕書長邱雪婷博士與國際學者合作，也於 2019 年 10 月發布一篇研究論文，即顯現慈濟素食世代資料庫對於亞洲地區素食人口健康研究的重要性。

[研究論文] 素食流行病學：回顧和討論來自不同地理區域的研究結果

Vegetarian epidemiology: review and discussion of findings from geographically diverse cohorts

資料庫 TCHS 慈濟健康世代研究資料庫

登載期刊／年分 Advances in Nutrition《營養學進展》／ 2019 年

文獻位址 Advances in Nutrition, Volume 10, Issue Supplement_4, November 2019, S284–S295. doi: 10.1093/advances/nmy109

作者群 Michael J Orlich, Tina HT Chiu（輔仁大學營養科學系副教授、台灣素食營養學會祕書長）, Preet K Dhillon, Timothy J Key, Gary E Fraser, Krithiga Shridhar, Sutapa Agrawal, and Sanjay Kinra

【論文摘要中譯】

流行病學的世代研究資料庫，對於素食的營養充足性和可能的健康影響提供了很豐富的資訊。全球最大的兩個素食世代研究資料庫，是歐洲癌症暨營養前瞻調查的牛津研究（EPIC-Oxford）和美國基督復臨安息日會教友健康研究（AHS-2）。

這兩大資料庫已被充分描述，運用它們的發現（發表論文）也被充分討論，甚至也討論發現結果不同之處。儘管來自北美和英國的世代研究資料庫非常重要，但世界上還有大多數的素食者居住在其他地區，尤其是亞洲。

回顧了最近在東南亞的素食者世代研究的結果，尤其是「慈濟健康世代研究資料庫」和「印度移民研究」，被運用來討論對亞洲素食者健康研究。素食的飲食差異很大，與健康相關的後果也可能如此。世代研究仍是能更好的呈現全球素食人口健康狀況的重要工具。

慈濟素食世代資料庫，連結健保大數據

樂蔬
健康醫

蔬食護腎吃出健康

吳勝騰　關山慈濟醫院副院長暨腎臟內科醫師

　　就讀高雄中學時，學校附近的素食店老闆是一位慈祥的阿婆，對學生很照顧，供應的料理很美味，對學生收費又很少，在那裡培養了吃素食的習慣。到了大學，跟同學交遊的頻率增加，就不常吃素，當兵時期也沒有吃素。

　　不過到大林慈濟醫院服務後，醫院是一個素食友善的環境，自己又重拾了素食的習慣。醫院供應的素食多樣，價格實惠且吃的量沒有限制，另外也常常去醫院的「臺灣咖啡」用餐，那裡的餐食也很美味，很適合值完班後一個人在餐廳享受。

　　從那時開始，一直在慈濟的醫療體系工作，雖然醫院沒有強迫，但因為感受良好，自己持續素食，算一算，也超過十年了。

　　素食之後最大改變，就是比較不會有強烈的驅動力想去追求美食。肚子餓的時候，吃一些簡單的食物，如海苔或是無糖豆漿，就沒有饑餓感。對於平淡的事物，較能保持專注，較容易察覺細微的變化，情緒也比較穩定。

▲ 無糖豆漿降低飢餓感。

在臨床上作為腎臟內科醫師，常常推廣素食給慢性腎病患者，素食可減少尿毒素生成，改變腸道菌落，降低氧化壓力，延緩腎功能惡化。尿毒素是腎功能不全時體內積累的有害物質，通常來自肉類消化過程中生成的廢物。

實行素食可以減少這些廢物的產生，從而降低尿毒素的生成，有助於保護腎臟。而素食中富含抗氧化素，如維生素 E、C 和花青素等，這些抗發炎物質可以降低腸道的炎症反應，減少對腎功能的損害。另外，膳食纖維本身也具有抗發炎作用，進一步有助於維護腸道健康。

▲ 素食富含抗氧化素。

素食飲食要健康，第一要確保充足的蛋白質攝取；從多種植物來源攝取蛋白質，例如豆類、全穀類、堅果和種子，這樣可以確保攝取到所有必需胺基酸。第二點是補充維生素 B12；包含優格、海苔、蛋類等。但我自己的感覺是，若能保持充足的運動及睡眠，比補充綜合維他命的效果要好很多。

以上這些個人經驗提供給準備開始吃素的人做參考，希望大家都能吃得營養，吃出健康！

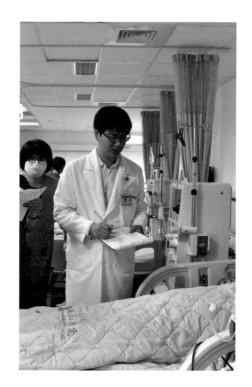

PART 3

素食降低疾病的實證

　　我們鼓勵慈濟醫療團隊投入素食相關研究，運用慈濟素食世代資料庫，連結臺灣健保資料庫分析，依論文刊登年分，從 2014 年到 2022 年已發布 14 篇，還在陸續增加中。

　　依研究論文列出十大疾病主題，除了論文摘要的中文翻譯之外，也邀請慈濟各院醫師分享研究及素食經驗；花蓮慈濟醫學中心營養科團隊也針對各疾病的保養提出營養叮嚀，設計創意料理餐點，吃出營養美味又能保持健康。

1. 糖尿病

[研究論文] 臺灣素食者和葷食者之飲食結構、糖尿病患病率及空腹血糖異常

Taiwanese vegetarians and omnivores: dietary composition, prevalence of diabetes and IFG

資料庫 TCHS 慈濟健康世代研究資料庫

登載期刊／年分 PLOS ONE《公共科學圖書館》（Public Library of Science）／ 2014 年

文獻位址 PLoS One. 2014; 9（2）：e88547. doi:10.1371/journal.pone.0088547

作者群 邱雪婷（輔仁大學營養科學系副教授、台灣素食營養學會祕書長）、黃慧雅（大林慈濟醫院家醫科醫師）、邱燕楓（國家衛生研究院研究員）、潘文涵（中央研究院特聘研究員）、高徽宜（國立陽明大學統計學研究所）、邱邦傑（資訊工程師）、林名男（大林慈濟醫院副院長）、林俊龍（慈濟醫療財團法人執行長）

【論文摘要中譯】

簡介 已有論文發表證明，素食可改善西方人的葡萄糖代謝及降低罹患糖尿病的風險；但是對華人來說，素食飲食是否同樣如此，仍待證明。

研究方法 從 4,384 名臺灣佛教志工的飲食及就醫資料、空腹血糖值，來評估飲食與糖尿病／空腹血糖異常的相關性。

結果 素食者攝取較多的碳水化合物、纖維、鈣、鎂、總鐵質和非血紅素鐵、葉酸、維生素 A；攝取較少量的飽和脂肪、膽固醇和維生素 B12。

粗估糖尿病的罹病率

停經前　素食者 0.6%　葷食者 2.8%

停經後　素食者 2.3%　葷食者 10%

素食者 4.3%　葷食者 8.1%

不吃肉和魚,素食者與葷食者相比,攝取了較多的豆類食物、蔬菜、全穀類食物,在乳製品及水果的攝取量則差不多。

接著以邏輯迴歸統計方法調整相關變數:年齡、身體質量指數 BMI、糖尿病家族史、教育程度、休閒時的運動、抽菸、飲酒後,得出的數值是,素食飲食與糖尿病和空腹血糖異常呈負相關。

 結論　臺灣的素食飲食,可保護人們降低糖尿病及空腹血糖異常的罹病率。

［研究論文］素食及飲食模式的改變對於糖尿病風險之前瞻性研究

Vegetarian diet, change in dietary patterns, and diabetes risk: a prospective study

資料庫 TCHS 慈濟健康世代研究資料庫

登載期刊／年分 Nutrition and Diabetes《營養與糖尿病》 2018 年

文獻位址 Nutr Diabetes. 2018 Mar 9;8（1）：12. doi: 10.1038/s41387-018-0022-4

作者群 邱雪婷（輔仁大學營養科學系副教授、台灣素食營養學會祕書長）、潘文涵（中央研究院特聘研究員）、林名男（大林慈濟醫院副院長）、林俊龍（慈濟醫療財團法人執行長）

【論文摘要中譯】

背景／研究方法 西方人的素食與糖尿病成反比,但素食對亞洲人——病理生理與西方人不同——的影響尚不清楚。我們的目標是調查臺灣佛教人口中的素食飲食、飲食方式變化與糖尿病風險之間的關係。

方法 我們對不菸不酒且沒有糖尿病、癌症、心血管疾病的 2,918 名佛教徒,進行平均五年(median= 五年)的追蹤研究,確診了 183 例糖尿病。

飲食方式是利用驗證過的食物頻率調查問卷,後續追蹤則採簡易式問卷。病例的確診是利用追蹤問卷、空腹血糖值及糖化血色素(HbA1C)值。以 Cox

比例風險迴歸模型（Stratified Cox Proportional Hazards Regression）統計方法來評估飲食對糖尿病風險的影響。

結果 調整（考量列入）年齡、性別、活動運動、糖尿病家族史、追蹤方式、使用降血脂藥物及 BMI 標準等因素；與葷食者相比，持續的素食飲食者，可降低 35％的糖尿病風險（風險比 HR：0.65，95％信賴區間 CI：0.46, 0.92）；從非素食者轉變為素食者，可降低 53％的糖尿病風險（HR：0.47，95％ CI：0.30, 0.71）。

素食飲食可降低糖尿病風險

從非素食者轉變為素食者
可降低 **53％** 的糖尿病風險

持續的素食飲食者
可降低 35％ 的糖尿病風險

結論 對於臺灣人，持續素食及由葷轉素，都可以有效預防（非因 BMI 過高、肥胖導致的）糖尿病。

蔬食降低糖尿病腎病變風險

臺灣糖尿病人口不斷增長，至今超過兩百萬人，糖尿病患者一旦血糖控制不穩便容易造成腎臟損傷，進而引發慢性腎臟病變，甚至造成末期腎臟病而需要仰賴透析維持腎臟機能。

台北慈濟醫院腎臟透析中心郭克林主任帶領研究團隊分析糖尿病患者進行素食飲食型態對慢性腎臟病發生的直接和間接影響，發現能有效降低 32％的併發風險，研究成果獲國際知名期刊《Frontiers in Nutrition》（營養學尖端）刊登。

2018 年歐洲腎臟醫學會便曾論及蔬食飲食對於胰島素功能失調與阻抗有緩解及降低的功效。胰島素是掌管身體「儲存」的賀爾蒙，包含了糖分、脂肪與肌肉的儲存，也是調整血糖的關鍵。

正常情況下，澱粉經消化分解後會形成葡萄糖進入血液，也就是血糖，當身體偵測到血糖升高的訊號時，便會刺激胰臟分泌胰島素至血液中，胰島素結合細胞膜表面的胰島素受體，開啟葡萄糖進入細胞的通道，故而降低血糖數值。

胰島素阻抗是代謝症候群的症狀之一，也是糖尿病的前兆，因此飲食模式即是重要變因。

台北慈院研究團隊因此引伸出——「素食」可能是糖尿病患者發生慢性腎臟病的預防策略之一的研究目的，故而針對在台北慈濟醫院接受健檢的糖尿病患者進行研究。

飲食模式分為純素食、奶蛋素食或雜食，在結構方程式模型中，調整年齡和性別及其他因子的干擾後，與雜食組相比，素食和蛋奶素食組其危險對比值為 0.68，也就是說，素食飲食的慢性腎臟病發生風險較低。

進一步分析糖尿病腎病變的危險因子，包括：抽菸習慣、高收縮壓、高血脂質、長期血糖控制不良、高尿酸血症與高身體質量指數（BMI），而純素飲食與蛋奶素的飲食模式能夠降低高尿酸血症與高身體質量指數，進而降低慢性腎臟病發生風險。郭克林主任表示：「透過直接與間接的影響，純素食與蛋奶素食的糖尿病患者能降低 32％併發慢性腎臟病的風險。」（本文為台北慈濟醫院新聞稿）

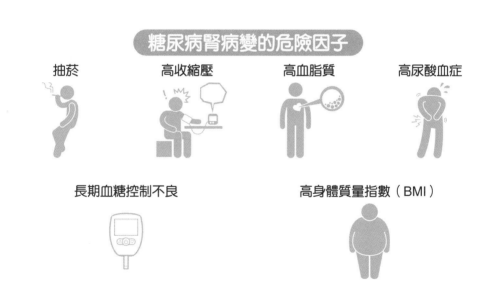

糖尿病腎病變的危險因子

抽菸　　　　高收縮壓　　　　高血脂質　　　　高尿酸血症

長期血糖控制不良　　　　高身體質量指數（BMI）

郭克林主任建議，患有糖尿病的民眾應當遵從低碳水化合物飲食準則，若能以蔬食作為主要飲食模式，則更能有效預防糖尿病併發其他慢性疾病的風險。

[研究論文] 素食在糖尿病患者與產生慢性腎臟病的風險降低有關

Vegetarian diet was associated with a lower risk of chronic kidney disease in diabetic patients

登載期刊／年分 Frontiers in Nutrition《營養學尖端》／ 2022 年

文獻位址 Front. Nutr., 26 April 2022 Sec. Clinical Nutrition Volume 9 - 2022 doi: 10.3389/fnut.2022.84335

作者群 侯羿州（天主教耕莘醫院腎臟科醫師）、黃蕙棻（慈濟大學後中醫學系）、蔡文心（台北慈濟醫院兒科部醫師）、黃馨儀（慈濟大學醫學系）、劉浩文（泰洋耳鼻喉科診所）、劉佳鑫（台北慈濟醫院腎臟科醫師）、郭克林（台北慈濟醫院腎臟科透析中心主任）

[論文摘要中譯]

慢性腎臟病是糖尿病患者常見的慢性併發症，素食可能是糖尿病患者發生慢性腎臟病的預防策略之一。然而，素食是否能降低糖尿病患者之慢性腎臟病的發生率尚不清楚。一項橫斷面研究是基於 2005 年 9 月 5 日至 2016 年 12 月 31 日在台北慈濟醫院接受健檢的糖尿病患者。所有受試者都完成了一份調查問卷，以評估他們的基本資料，病史，飲食模式和生活方式。飲食模式分為純素食者、奶蛋素食者或雜食者。

慢性腎臟病定義為估計的腎絲球過濾率 <60 mL／min／1.73 m2 或蛋白尿的存在。我們使用多變量分析評估素食與慢性腎臟病患病率之間的關係。在這 2,797 名受試者中，參與者的飲食習慣分為素食者（n = 207）、奶蛋素食者（n = 941）和雜食者（n = 1,649）。

雜食組的慢性腎臟發生率較高,[36.6%（雜食組）vs 30.4%（素食者）和 28.5%（奶蛋素食者），p < 0.001]。在 SEM 模型中，在調整了年齡和性別後，奶蛋素食者 [優勢比：0.68, 95% 信賴區間：0.57–0.82] 和素食者組 [優勢比 0.68, 95% 信賴區間：0.49–0.94] 與雜食組相比，兩者都與較低的慢性腎臟病發生風險相關。

營養師這樣說

糖尿病是臺灣十大死因之一，根據衛生福利部國民健康署統計，全臺灣約有兩百多萬名糖尿病人，且每年持續增加。糖尿病的危險因子包括：過重及肥胖、年齡、基因、代謝症候群、妊娠糖尿病、抽菸、喝酒等，發生初期的常見症狀為三多一少——吃多、喝多、尿多，但體重減輕。

若未積極控制血糖，讓身體長期處於高血糖的狀況下，可能產生併發症如：眼睛病變、腎臟病變、心血管病變、腦血管病變、傷口不易癒合等，因此血糖控制對糖尿病病友是十分重要的。

血糖控制的三大重點為：飲食、運動、藥物。飲食的部分，建議三餐均衡飲食、定時定量、控制富含碳水化合物食物的攝取量、增加膳食纖維攝取量、避免攝取精製糖與飲酒，以及維持理想體重，避免肥胖或過重。

對於糖尿病友來說，也可以考慮吃「低升糖指數」的食物，也就是現在常聽到的「低 GI 飲食法」。升糖指數（Glycemic index），縮寫為 GI，以食用 100 克葡萄糖後兩小時內血糖的增加值為標準（GI 值 =100），低 GI 食物，吃了之後，血糖上升較緩和，也容易有飽足感。

低 GI 食物

主食	配菜	水果類與乳品類

▲ 五穀飯　　　　　▲ 毛豆　　　　　▲ 芭樂

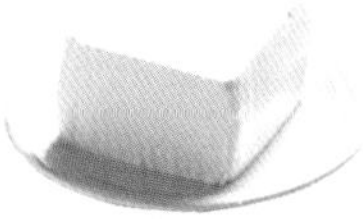

▲ 地瓜　　　　　▲ 豆腐　　　　　▲ 蘋果

▲ 玉米　　　　　▲ 地瓜葉　　　　▲ 低脂鮮奶

▲ 燕麥片　　　　▲ 木耳　　　　　▲ 無糖豆漿

　　簡單來說，就是每餐有主食（全穀雜糧類食物）、蛋白質類食物（豆蛋類）與蔬菜類食物，未精製的全穀雜糧類和精製後的全穀雜糧類相比，保留較多的膳食纖維，有助於維持血糖平穩，因此建議主食至少一餐選擇未精製的全穀雜糧類，例如：五穀飯、糙米飯，並控制

攝取份量，而地瓜、南瓜、馬鈴薯、芋頭、玉米等根莖類也屬於全穀雜糧類，糖尿病病友可以吃，但吃的量需和飯一起計算，避免攝取過多碳水化合物。

配菜的建議，以優質植物蛋白質搭配富含膳食纖維的食物。富含優質植物蛋白質包括：毛豆、黑豆、黃豆及其製品（例如：豆腐、豆干、豆包、豆漿等）。

▲ 高纖咖哩炒飯（詳見第 63 頁）

▲ 千張毛豆三角包（詳見第 65 頁）

蔬菜富含膳食纖維與微量營養素，有助於維持血糖穩定，除了綠色蔬菜，絲瓜、茄子、蘿蔔、木耳、菇類等也屬於蔬菜類，可每餐輪流搭配食用，建議每餐至少搭配半碗以上的熟蔬菜。

水果類與乳品類也是碳水化合物比例較高的食物，建議控制攝取分量，並避免果乾、果汁等加工過的食物。

營養成分分析　每一份量 360 克，本食譜含 1 份

熱量 （大卡）	蛋白質 （克）	脂肪 （克）	飽和脂肪 （克）	碳水化合物 （克）	糖 （克）	鈉 （毫克）	膳食纖維 （克）
432.2	20.9	13.9	2.4	60.3	4.2	552.6	9.7

全穀

高纖咖哩炒飯

烹調時間｜20 分鐘

糙米是稻穀脫去外殼後，留下胚乳、胚芽、麩皮的部分，而白米除了去外殼外，也去除了胚芽、麩皮，只留下胚乳的部分，因此糙米和白米相比，其精製程度較低，保留較多的膳食纖維與微量營養素（例如：維生素 B 群、維生素 E）。

本道料理以富含膳食纖維的糙米為主角，並透過減少主食份量（約 8 分滿的飯）、加入屬於優質植物蛋白質的豆干與大量的蔬菜增加飽足感，有助於維持血糖穩定，加上使用不沾鍋料理食材，減少炒飯整體的用油量，在享受美食的同時，也可以避免攝取過多的油脂，減少身體的負擔。

材料

糙米飯	120 克	青椒	60 克（約 1/2 顆）
小方豆干	80 克（約 3 片）	紅椒	50 克（約 1/4 顆）
玉米筍	50 克		

調味料

橄欖油 ··· 1 茶匙（約 5 CC）

淨斯蔬食料理粉（咖哩口味）··············· 1/2 湯匙（約 5 克）

作法

1 小方豆干、玉米筍洗淨後，切丁，備用。

2 青椒、紅椒洗淨、去籽，切丁，備用。

3 取不沾鍋，倒入橄欖油加熱，放入小方豆干丁、玉米筍丁、青椒丁、紅椒丁、淨斯蔬食料理粉（咖哩口味），以小火拌炒約 5 分鐘。

4 加入糙米飯，以中火繼續拌炒至均勻上色，即可盛盤食用。

營養成分分析　每一份量 170 克，本食譜含 1 份

熱量 （大卡）	蛋白質 （克）	脂肪 （克）	飽和脂肪 （克）	碳水化合物 （克）	糖 （克）	鈉 （毫克）	膳食纖維 （克）
250	22.7	14.6	2.2	11	2.5	667.6	4.4

千張毛豆三角包

烹調時間｜40 分鐘

每 100 克毛豆約含有 6.5 克膳食纖維，毛豆屬於優質植物性蛋白質，富含膳食纖維與微量營養素。「千張」外型長得像麵粉皮，但實際上是豆腐皮的一種，也屬於蛋白質食物的一員。

此道料理除了用千張取代麵皮，減少配菜的碳水化合物攝取量，並以富含優質蛋白質與膳食纖維的毛豆當主要食材，有助於維持血糖穩定，並透過使用不沾鍋具，減少整體油脂的使用量。

材料

千張 …………………… 1.5 張（約 9 克）

豆包 …………………… 40 克（約 2/3 片）

冷凍毛豆仁 …………………… 50 克

金針菇 …………………… 40 克

調味料

薄鹽醬油 …………………… 2 茶匙（約 10 克）

葡萄籽油 …………………… 1 茶匙（約 5 克）

作法

1　取一片千張從中間切一半；豆包用清水沖淨；金針菇切除硬蒂，用清水略沖淨，備用。

2　準備一鍋沸水，放入豆包汆燙 30 秒，撈起，再續入毛豆仁汆燙 40 秒，撈起，備用。

3　將豆包、毛豆仁、金針菇倒入速切細機（或是調理機、果汁機）中攪打成泥狀。

4　將打泥後的食材放入容器，移至電鍋蒸 15 分鐘（外鍋約放 0.8 杯水）。

5　取出蒸好的食材，加入薄鹽醬油攪拌均勻，平均分成三等份（每份約 52 克）。

6　取半張千張對摺，放入一份量的餡料，包成三角形，依序全部完成。

7　取一個不沾鍋，倒入葡萄籽油加熱，放入包好的三角包，以中火煎至兩面均勻上色（每一面約煎 1 ～ 2 分鐘），即成。

營養成分分析　每一份量 450 克，本食譜含 4 份

熱量 （大卡）	蛋白質 （克）	脂肪 （克）	飽和脂肪 （克）	碳水化合物 （克）	糖 （克）	鈉 （毫克）	膳食纖維 （克）
94	3.2	2.9	0.5	17.7	5.4	532.3	5.5

鮮菇蓮藕湯

烹調時間｜2 小時（含前處理時間 30 分鐘）

蓮藕是蓮的地下莖，因碳水化合物比例較高，屬於全穀雜糧類食物，很多糖尿病病友擔心血糖狀況而不敢吃蓮藕，但蓮藕與其他未精製全穀雜糧類食物（例如：白米）相比，纖維含量高對血糖的波動影響較小，屬於低 GI 食物，因此糖尿病友只要控制份量還是可以食用。此道湯品除了蓮藕，還加入大量的蔬菜類食物，有助於協助血糖穩定。

※ 提醒糖尿病病友，本食譜約 4 人份，每人份的蓮藕量要計為 1/4 碗飯，記得主食的飯量要扣除喔！

材料

蓮藕	250 克	（約 1 節）
杏鮑菇	150 克	
胡蘿蔔	230 克	（約 1/2 條）
乾香菇	10 克	（約 4 朵）
紅棗	10 克	（約 4 顆）
老薑片	30 克	

調味料

大豆油	2 茶匙	（約 10 克）
鹽	1 茶匙	（約 5 克）

作法

1　蓮藕用菜瓜布刷洗乾淨，削皮、切片，泡冷水；杏鮑菇洗乾淨，切滾刀，備用。

2　胡蘿蔔洗淨，削皮、切滾刀；乾香菇洗淨，浸泡滿水泡至軟，切塊，備用。

3　取不沾鍋，倒入大豆油加熱，放入老薑片、香菇、杏鮑菇以中火爆香。

4　取電鍋內鍋，倒水 1 公升，放入全部食材，加入鹽調味，外鍋倒入水 3.5 杯蒸煮（約 70 分鐘，再燜 20 分鐘）即可起鍋。

營養成分分析　每一份量 18 克，本食譜含 15 份

熱量 （大卡）	蛋白質 （克）	脂肪 （克）	飽和脂肪 （克）	碳水化合物 （克）	糖 （克）	鈉 （毫克）
84.1	16	5.1	0.7	8.1	0.3	16.8

穀物堅果脆餅 烹調時間 | 45 小時（含前處理時間 20 分鐘）

血糖控制重視總量控制與 GI 值，餅乾製作大多採用精製麵粉及糖所組成，容易造成血糖上升。此料理不全用低筋麵粉，還加上含豐富營養素的穀粉，並以發煙點高的酪梨油取代奶油，以代糖（羅漢果糖）取代精製糖，則可降低餅乾的 GI 值。最後切割烘烤每 2 片餅乾約為一份點心（含 15 公克醣份量），方便食用者進行醣類份量控制。

材料

低筋麵粉 ························· 100 克

淨斯五穀粉（無糖）········· 2 包（60 克）

去膜花生 ······················· 20 克

酪梨油 ·························· 60CC

無糖豆漿 ······················ 30CC

調味料

羅漢果糖 ························· 40 克

作法

1　取一攪拌盆，將低筋麵粉過篩；去膜花生放入乾鍋，以小火煸炒至有香味，備用。

2　將低筋麵粉、五穀粉、羅漢果糖放入調理盆中拌勻；再加入花生、酪梨油，再次攪拌均勻。

3　倒入無糖豆漿，一邊攪拌一邊塑形至食材聚合成形；烤箱預熱上、下火 175 度。

4　取一 PE 袋（中 / 28 公分 ×22 公分），將麵粉糰塊置入 PE 袋中**擀**平（厚約 0.8 公分長方形），再將長方形麵糰均分切成 15 等分。

5　將餅乾放入烤盤中，移入烤箱烤約 10 分鐘，翻面再續烤 10 分鐘（依烤箱溫度的狀況，若覺得有需要的話，可再回烤 3～5 分鐘），取出，放涼，即可食用。

健康環保好福氣

王奕淳　台北慈濟醫院腎臟內科醫師

　　「健康、環保、福氣啦！」這是我分享「健康蔬食」最常說的一句話，十多年前開始，每天都很感謝這個決定，也希望分享給有緣的您！

　　常聽爸爸講他不吃牛肉的故事。爸爸小時候住在雲林的鄉下，家裡養了一頭老牛，有一次他帶老牛到很遠的地方吃草，不小心在牛車上睡著了，醒來以後發現天已經黑了，也不知道自己在哪裡？那時鄉下人家連電燈也沒有，路上也沒有路燈，不知道該怎麼辦？沒想到老牛在伸手不見五指的黑夜裡，一步又一步，慢慢拖著牛車繼續走。

　　終於在深夜裡，家裡的人驚喜的發現老牛回家了，牛車上還載著餓得睡著的爸爸。有一天，老牛終於老到走不動了，準備被送去屠宰場賣掉，爸爸親眼看到被繩子拖上貨車的老牛流下了眼淚。

　　長大後我剛升主治醫師時，曾經被派到鳳山醫院支援，旁邊有個屠宰場。開車上班的時候，被前面的貨車擋住去路，車上擠滿了髒髒的豬仔，發出此起彼落的叫聲，我心裡很明白接下來牠們會發生什麼事。十多年前，我開始到台北慈濟醫院任職，參加《水懺》經藏演繹〈一念之間〉。我們扮演各種可愛的動物，快樂的在林間嬉戲，音樂急轉直下，激昂的歌詞唱著「刀鋒冷，哀鳴尖叫震耳聾」，聽著音樂中動

物哀號聲的那個時刻起，健康蔬食成為我理所當然的選擇。再有人問我為何想吃素？我會很簡單的回答他：「不用想。」對身體健康，減少二氧化碳排放，而且永遠跟動物們當好朋友，套句臺灣人常用的話——福氣啦！

開始健康蔬食以後，對身體的最大改變是體重減輕，人也清爽了。之前不知什麼原因，有時就會有一種莫名其妙的悲傷，或是沒什麼原因，突然就很想生氣。開始健康蔬食後，這些狀況就很少再發生了。

健康蔬食也讓我開始改變飲食習慣，晚上少吃也不吃消夜，早上開心做早餐，自己設計喜歡的菜單，例如：蘿蔓萵苣開水燙過後，淋上初榨冷壓橄欖油及巴薩米克醋，酪梨佐全麥麵包，一杯淨斯力能調養素，加上蘋果或芭樂。其他菜單例如：紅豆蓮子湯、銀耳枸杞紅棗湯等。

疫情期間，我被派到隔離病房照顧確診的病人，身心的壓力很大，也怕被傳染。我查詢醫學上的文獻，發現茹素的醫護人員，新冠肺炎變成重症的比率大幅下降。所以我持續健康蔬食，每天多運動，例如：平甩或穴道導引，還有服用維生素 B12、維生素 D、淨斯本草飲等營養補充品。我跟隔離病房的同仁們都幸運的撐過這段日子，平安完成照顧病人的使命。

後來台北慈濟營養科統計院內 136 位超過 65 歲的新冠肺炎確診病人，發現茹素的病人，重症的風險大幅下降。我們台北慈濟醫院的腎臟科團隊，分析慢性腎衰竭病人的腸道菌，發現素食者的比菲德氏菌及其他好菌數量較多。

　　我查閱醫學文獻，發現這些好菌可以加強對抗病毒的免疫反應。所以面對新冠肺炎或其他疫情，大家可以考慮健康蔬食，增強腸道菌免疫力。

　　身為一位腎臟科醫師，我在門診常常推薦病人採用「健康蔬食」。慢性腎病的病人，因腎功能下降，飲食注意需要「三低」，也就是「低蛋白、低磷、低鉀」。如果病人可以採用健康蔬食，就可以輕鬆達成「低蛋白」與「低磷」，還可以「減輕代謝酸」。

● **低蛋白**：當人體吃了過多的肉類等高蛋白食物，會增加腎絲球過濾率（GFR）和尿蛋白，造成腎臟損害。早在 2016 年發表的文獻就證實，素食加上低蛋白飲食，並且補充慢性腎病專用的胺基酸，可以減緩腎臟惡化，延後開始洗腎的時間。

● **低磷**：腎臟功能不好的人，沒辦法排除大量的磷，所以必須調整飲食。腸道吸收最快的磷是「無機磷」，例如：汽水、組合肉、醬料、加工品。接下來是「動物的磷」，例如：牛肉、豬肉等。以上兩大類的食物都要減少食用。腸道吸收比較慢的磷是「植物的磷」，例如：豆漿、堅果等，所以可以適量使用。長期高血磷可能會造成副甲狀腺上升、鈣磷沉積，最後造成血管硬化、心血管疾病（如：中風或心肌梗塞的風險）上升。

▲ 汽水　　　▲ 罐頭麵筋

● 減輕代謝酸：當腎臟功能退化，體內排除代謝酸的能力減少，身體代謝酸累積，病人需要用呼吸代償，所以比較容易喘，這時醫師會開立藥品「碳酸氫鈉」來減輕代謝酸。目前有許多醫學文獻證實，多吃蔬菜水果跟碳酸氫鈉同樣可以達到減輕代謝酸，而且延緩腎功能惡化。

● 低鉀：慢性腎病不能攝取過多的鉀離子，因為鉀離子過高，可能會造成心律不整。因此鉀離子高的水果要少吃，例如香蕉不能吃太多。蔬菜燙過之後，鉀離子就會隨著湯汁帶走，所以可以吃燙過的菜，但是菜湯、肉湯、高湯都要避免。

▲ 香蕉

當慢性腎病的病人開始洗腎之後，還是可以繼續「健康蔬食」維持「低磷、低鉀」。不同的是，可以開始補充高蛋白營養品。但要特別提醒洗腎病人「不能吃楊桃」！因為楊桃有神經毒，洗腎的病人吃完可能會發生意識不清的副作用。

▲ 洗腎病人不能吃楊桃

慢性腎病需要好的飲食調養，建議可以跟衛教師及營養師當好朋友，討論自己喜歡的食物有哪些，一起訂出營養美味又適量的菜單，再配合定期抽血確認及調整，就能達到減緩腎功能惡化的目標。

對腎臟而言，「健康蔬食」是經過科學實證的好選擇，推薦給您，因為「健康、環保、福氣啦」！

2. 脂肪肝

[研究論文] 素食飲食、食物替代、非酒精性脂肪肝
Vegetarian diet, food substitution, and nonalcoholic fatty liver

資料庫 TCHS 慈濟健康世代研究資料庫

登載期刊／年分 Tzu Chi Medical Journal《慈濟醫學雜誌》／ 2018 年

文獻位址 Ci Ji Yi Xue Za Zhi. 2018 Apr-Jun;30（2）：102-109. doi: 10.4103/tcmj.tcmj_109_17

作者群 邱雪婷（輔仁大學營養科學系副教授、台灣素食營養學會祕書長）、林名男（大林慈濟醫院副院長）、潘文涵（中央研究院特聘研究員）、程蘊菁（臺大流行病學與預防醫學研究所教授）、林俊龍（慈濟醫療財團法人執行長）

【論文摘要中譯】

研究目的 已有研究證明素食可改善胰島素阻抗（insulin resistance）及減輕體重，但對「非酒精性脂肪肝」的影響尚需進一步證實。我們的目的是調查素食飲食、主要食物組成及非酒精性脂肪肝之間的關連性，並比較素食者與非素食者的脂肪肝患者群的肝纖維化程度。

素材與方法 我們分析了 [慈濟健康世代研究資料庫] 的橫斷面數據，3,400 人中，包括 2,127 名非素食者和 1,273 名素食者，且不抽菸、無飲酒習慣、沒有 B、C 型肝炎。脂肪肝的認定是以超音波檢查，肝纖維化的認定是透過抽血檢查「非酒精性脂肪肝病纖維化計分」。飲食型態的類別，則是透過驗證後的食物頻率問卷評估。

結果 在調整了年齡、性別、教育程度、抽菸及飲酒史之後,素食飲食可降低脂肪肝的罹病率(流行病學上的勝算比數值 = 0.79)。(但若調整 BMI 這個因素,素食降低脂肪肝罹病率的效果會減低。)素食者的肝纖維化程度較非素食者低。

用一份肉或魚取代一份豆類食物,會增加 12 ~ 13% 的脂肪肝罹病風險;用一份精製穀類、水果及果汁取代一份全穀類食物,會增加 3 ~ 12% 的脂肪肝罹病風險。

▲ 水果　　　　　　▲ 果汁

 素食飲食,以豆類食物取代肉類和魚類,及用全穀類食物代替精製碳水化合物,可能與 BMI 造成的非酒精性脂肪肝病呈負相關。

▲ 豆類食物　　　　　　▲ 全穀類食物

營養師這樣說

　　臺灣現今每三到四個人之中會有一位有脂肪肝的情形，若輕忽脂肪肝，可能下一步就是肝纖維化、肝硬化，再下一步，就可能變成肝癌。正確的飲食，是保護肝臟最有效的方式，建議採行「地中海飲食」原則。

　　地中海飲食強調每餐至少 2 份蔬菜、1 ～ 2 份水果，每日建議乳製品 2 份，堅果種子 1 ～ 2 份，並可使用辛香料調味。每週豆類至少 2 份，蛋類建議 2 ～ 4 份，減少紅肉、甜點（含糖飲料）及加工肉品的食用。地中海飲食並強調使用橄欖油為主要脂肪來源。

地中海飲食

偶爾吃
甜點（含糖飲料）及
加工品的食用

每週吃
豆類至少 2 份
蛋類建議 2 ～ 4 份

每日吃
建議乳製品 2 份
堅果種子 1 ～ 2 份

每餐吃
至少 2 份蔬菜
1 ～ 2 份水果

地中海飲食強調使用橄欖油為主要脂肪來源

在全穀類的選擇上，也建議以非精緻澱粉的食物為主，如燕麥、地瓜等。因為這些非精緻澱粉內都含有水溶性纖維，水溶性纖維可與膽酸結合，將膽酸排出體外，防止膽酸經由人體腸肝循環吸收再利用，有助於促進膽固醇轉變成膽酸，進而降低血脂肪，預防脂肪肝的發生。

▲ 金黃保肝湯（詳見第 83 頁）

▲ 鷹嘴豆魔鬼蛋（詳見第 85 頁）

改變生活作息及良好的運動習慣，更是阻斷脂肪肝發生的不二法門。建議每週至少 150 分鐘中強度規律運動，建議若要開始運動的初學者，建議可從快走、游泳、騎腳踏車等運動開始，居家也可以使用徒手訓練來漸進式增加運動的量。

77

燕麥核桃護肝粥

烹調時間｜25 分鐘

燕麥片具有豐富的膳食纖維能助消化，促進代謝，而在其中的水溶性膳食纖維有降低血脂的功能，燕麥片來取代精緻澱粉，不僅熱量較低又富含纖維質，常被養生者用來當作早餐，此道食譜利用蔬菜（上班族可提早切割汆燙分類冰存，利用當季在地多樣化食材變換顏色），也鼓勵使用豆漿取代開水搭配，增加堅果調味，就可以是營養均衡的一餐。

材料

即食燕麥片·····················40 克
胡蘿蔔·····························20 克
小黃瓜·····························20 克
大番茄·····························20 克
核桃·································1 茶匙
溫豆漿····························400CC

調味料

鹽···································1/4 茶匙
花生醬·····························1 茶匙

作法

1 即食燕麥片放入容器中，加入沸水（溫熱豆漿）400c.c、鹽、花生醬，浸泡約 10 分鐘，即成燕麥糊。

2 胡蘿蔔洗淨切成細丁狀 0.5～1 公分小丁，可預先汆燙 3～5 分鐘冷凍保存，亦可用熟玉米粒取代。

3 其他蔬果類若欲生食應確實清洗乾淨，戴手套以熟食砧板切成細丁狀 0.5～1 公分小丁，攪拌成燕麥粥後，在 2 小時內食用完畢，確保衛生安全為宜。

營養成分分析　每一份量 502 克，本食譜含 1 份

熱量 （大卡）	蛋白質 （克）	脂肪 （克）	飽和脂肪 （克）	碳水化合物 （克）	糖 （克）	鈉 （毫克）	膳食纖維 （克）
250	7	10	1.8	33	2	1128	6

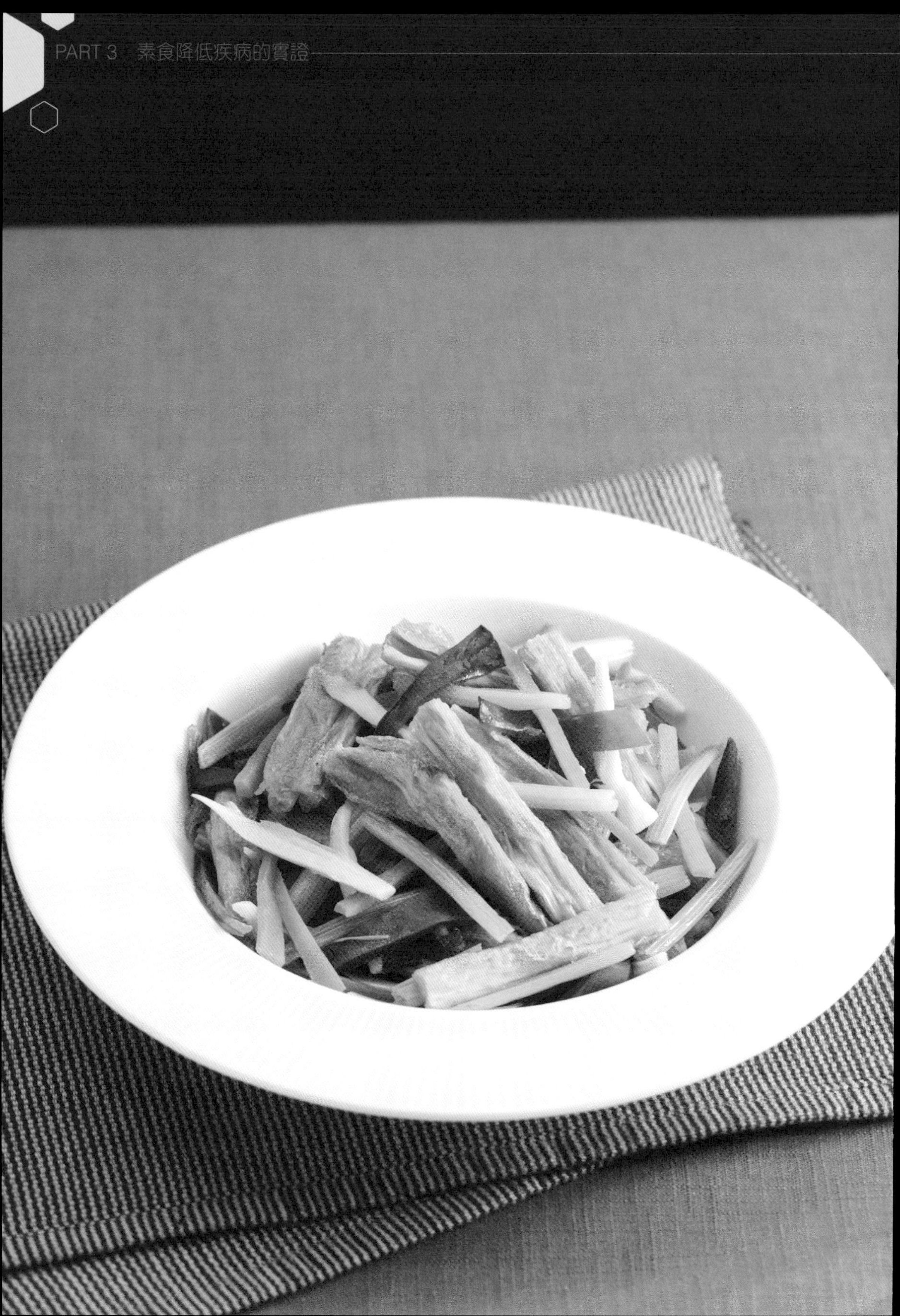

配菜

豆皮拌鮮蔬

烹調時間 | 20 分鐘

脂肪肝的形成與高醣、高油脂及過多熱量攝取飲食習慣有關，體重管理與控制是最重要的原則。飲食建議是以高纖、抗氧化為原則，此道菜結合菇類及高纖蔬菜，提供飽足感，降低熱量攝取，並以生鮮腐皮為提供修復肝細胞的優質蛋白質。

材料

盒裝條狀生鮮腐竹（豆皮）⋯⋯⋯ 120 克
杏鮑菇⋯⋯⋯⋯⋯⋯⋯⋯⋯⋯⋯⋯ 150 克
新鮮黑木耳⋯⋯⋯⋯⋯⋯⋯⋯⋯⋯ 100 克
芹菜⋯⋯⋯⋯⋯⋯⋯⋯⋯⋯⋯⋯⋯⋯ 70 克
胡蘿蔔⋯⋯⋯⋯⋯⋯⋯⋯⋯⋯⋯⋯⋯ 60 克

調味料

橄欖油⋯⋯⋯⋯⋯⋯⋯⋯⋯⋯⋯⋯ 10CC
鹽⋯⋯⋯⋯⋯⋯⋯⋯⋯⋯⋯⋯⋯⋯⋯ 3 克

作法

1 杏鮑菇用流水稍沖洗；黑木耳去蒂頭，洗淨；芹菜洗淨，摘除葉片；胡蘿蔔洗淨，削皮，備用。

2 將杏鮑菇菌傘橫切下後，再切條狀；菌柄橫切段後，再手撕成條狀，備用。

3 取出盒裝條狀生鮮腐竹（可稍以清水沖洗瀝乾）備用、新鮮黑木耳（去蒂）切條、芹菜莖切段、胡蘿蔔切條狀（與木耳、杏鮑菇等長），備用。

4 取炒鍋、倒入橄欖油轉中火，加入胡蘿蔔炒熟後，依序加入杏鮑菇、黑木耳及芹菜拌炒。

5 待蔬菜軟化後，再加入腐竹拌炒至熟，最後放入鹽調味，即可盛盤享用。

營養成分分析　每一份量 160 克，本食譜含 3 份

熱量 （大卡）	蛋白質 （克）	脂肪 （克）	飽和脂肪 （克）	碳水化合物 （克）	糖 （克）	鈉 （毫克）	膳食纖維 （克）
146.1	12.1	7.9	1.3	10.1	2.6	431.2	4.9

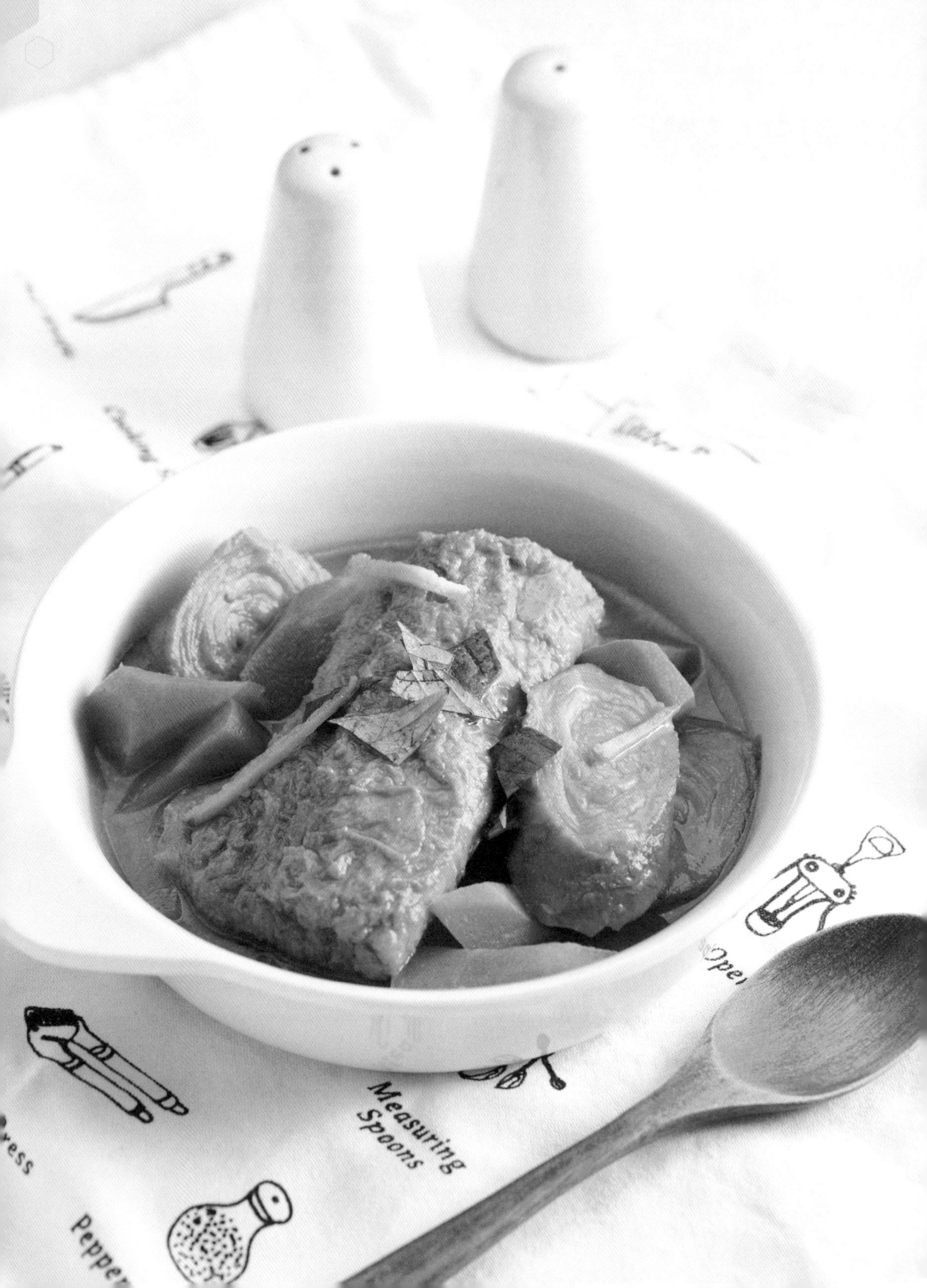
Measuring
Spoons

金黃保肝湯

烹調時間 | 30 分鐘

近年來科學研究報告指出，薑黃素具有潛力預防及改善非酒精性脂肪肝疾病，並有預防肝炎、肝病等功效，薑黃因此升級成為相當受歡迎的養生保健食品。

材料

胡蘿蔔‥‥‥‥‥‥‥‥‥50 克
麵捲‥‥‥‥‥‥‥‥‥‥20 克
豆皮‥‥‥‥‥‥‥‥‥‥20 克
生薑‥‥‥‥‥‥‥‥‥‥‥5 克
九層塔末‥‥‥‥‥‥‥‥‥2 克

調味料

薑黃粉‥‥‥‥‥‥‥‥3 小匙
鹽‥‥‥‥‥‥‥‥‥‥1 小匙

作法

1 準備一湯鍋，倒入冷水，加入胡蘿蔔塊一起煮至胡蘿蔔變軟。

2 加入麵捲、豆皮及生薑，再放入薑黃粉，以中小火煮約 5 ～ 10 分鐘。

3 最後放入鹽調味，食用前可撒上九層塔末（或香菜末），即可食用。

營養成分分析　每一份量 206 克，本食譜含 1 份

熱量 （大卡）	蛋白質 （克）	脂肪 （克）	飽和脂肪 （克）	碳水化合物 （克）	糖 （克）	鈉 （毫克）
102	10.4	2.8	0.46	10.2	2.8	1082

鷹嘴豆魔鬼蛋

烹調時間｜ 30 分鐘

每 100 公克含有 19 公克蛋白質與 61 公克碳水化合物（含 11 公克膳食纖維）的鷹嘴豆，真實身分是優質的全穀雜糧類，搭配完全蛋白質～蛋類及富含油酸的橄欖油，組成一道集優質碳水、蛋白質及油脂於一身的超級點心。對亟需體重控制、減少發炎指數及運用優質蛋白質修復受損肝臟組織的個案來說，是一道值得推薦的解飢小點。

材料		調味料	
鷹嘴豆	20 克	鹽	2 克
雞蛋	4 顆	黑胡椒粉	1 克
橄欖油	20 毫升	紅椒粉	少許（裝飾用）

作法

1 鷹嘴豆洗淨，倒入滿水（水量蓋過鷹嘴豆），移入冰箱冷藏，浸泡隔夜。

2 將鷹嘴豆撈起，放入電鍋內鍋中，並加入滿水（水量蓋過鷹嘴豆）；外鍋放入水 1 杯，蒸煮至開關跳起，取出，去外膜，壓成泥，備用。

3 另備一鍋滾水及一鍋冷水備用（水量需可蓋過雞蛋）。

4 將雞蛋置入滾水中，轉小火持續滾煮約 10 ～ 12 分鐘（水煮過程可略為翻動雞蛋，讓蛋黃儘量固定在中間），撈起，放入冷水鍋浸泡降溫。

5 待雞蛋冷卻後，剝殼，縱切，將蛋黃取出，蛋白放置一旁備用。

6 準備一個乾淨容器，加入蛋黃、鷹嘴豆泥、橄欖油拌勻，放入鹽、黑胡椒粉調味。

7 將作法 6 的半成品放入擠花袋或（剪角）塑膠袋中，依序擠回蛋白的上面，再灑上少許紅椒粉即成。

營養成分分析　每一份量 60 克，本食譜含 4 份

熱量 （大卡）	蛋白質 （克）	脂肪 （克）	飽和脂肪 （克）	碳水化合物 （克）	糖 （克）	鈉 （毫克）
143.2	8.6	10.6	2.7	4.2	0.1	278.7

樂蔬
健康醫

打娘胎開始的素食人生

張舜欽　大林慈濟醫院老年醫學科醫師

　　我打娘胎就開始吃素，從 0 歲開始，吃了三十七年，從來沒有想過不要吃素。但因為是跟著媽媽吃，也不真正了解「吃素」代表什麼。

　　記得讀幼稚園時，全班都有大雞腿吃，老師就讓我吃外面的一層皮，我把肉都給其他人吃，然後同學們都把皮給我吃了，就一次吃了很多雞皮，我回家跟媽媽講，媽媽就打電話給老師說明，老師才了解，一直道歉。

　　國小時每天帶著媽媽做的便當上學，中午吃蒸便當，但上國中沒有蒸便當了，大家都是訂便當，全校才五個人吃素，每天中午我們五個人要到很遠的地方去吃，剛好我們幾個人段考成績還不錯，就有人提議段考前吃素，或許會考出好成績，後來發現不是吃素的問題。但後來的確有十幾位同學在考試前都會素食，希望換來好成績，太神奇了。

　　我從小到大沒有吃肉，仍然能夠健康成長，沒有營養不足的問題，是素食的最佳見證。當兵時期有一位醫務兵同僚，他本身是牙醫，他太太吃素，所以當他太太懷孕時，他會擔心太太孕期不夠營養，擔心胎兒會不會不健康？知道我是胎裡素，他看看我，就放心了。後來他孩子也順利健康的出生。

　　我太太也是在婚後開始跟著我素食，三個孩子陸續出生，全家素食，回到太太娘家，也會配合我們素食。

　　在老年醫學科門診，如果遇

到病人肉吃太多造成尿酸偏高，我就會提醒病人少吃一點肉，多吃青菜水果。病人會反問說：「那不就是叫我吃素？那營養怎麼會夠？」就會聽到我的回答：「吃素 OK 啊！我自己就吃素。」病人看著我，就覺得吃素應該可以。我的經驗是，醫生本身吃素，對病人是最有鼓勵作用的。

蛋白質的營養來源，不是只有肉類，臨床上遇到有些法師是不吃蛋奶的嚴格素食，或是有些慈濟志工師兄師姊（慈誠懿德爸爸媽媽們）的健康檢查結果，有些人會出現維生素 B12 偏低的情形。或是素食的年輕女性容易有缺鐵性的貧血。這些人就要注意多攝取含鐵及 B12 營養的食物，或直接吃含鐵或 B12 的營養補充品。

要提醒素食者千萬不要吃太多加工素料，還是以原型食物為主。而且如果可以的話，自己做料理更能掌握吃得有趣、美味又營養，像我媽媽會用豆包，裡面包馬鈴薯加荸薺，外面再包覆一層海苔，非常好吃。

蛋白質、全穀、蔬菜、水果、堅果，一餐裡面基本上都要吃到，要均衡。像豆類，分「蛋白質豆」、「澱粉豆」、「油脂豆」，還有就是平常吃的四季豆、豌豆、菜豆這些是「蔬菜豆」。毛豆、黃豆、黑豆，是同一種豆，只是從年輕到成熟的不同時期，營養成分一樣，屬於「蛋白質豆」；像紅豆、綠豆就是澱粉豆；而花生是「油豆」，內含脂肪，要適量吃。所以即使豆類，也要吃對才行。

水果含有豐富的維他命 C，有助於鐵質吸收。如果要吃鐵劑，可以跟維他命 C 一起吃，也要注意避免影響鐵吸收的藥物，例如：制酸劑、胃藥以及牛奶等食物，不要同時食用。

這些都是我的素食飲食經驗，營養均衡正確吃，保持健康很簡單。

3. 膽結石

［研究論文］植物性飲食、膽固醇及膽結石的風險：前瞻式研究

Plant-based diet, cholesterol, and risk of gallstone disease：a prospective study

資料庫 TCHS 慈濟健康世代研究資料庫 & 連結健保資料庫

登載期刊／年分 Nutrients《營養素》/ 2019 年

文獻位址 Nutrients. 2019 Feb 4;11（2）:335. doi: 10.3390/nu11020335

作者群 張群明（花蓮慈濟醫院乳房醫學中心主任）、邱雪婷（輔仁大學營養科學系副教授、台灣素食營養學會祕書長）、張嘉珍（時任醫療法人統計諮詢師）、林名男（大林慈濟醫院副院長）、林俊龍（慈濟醫療財團法人執行長）

【論文摘要中譯】

素食可以降低膽固醇，因此可降低「有症狀的膽結石疾病」。這項研究的目的，是以前瞻式世代研究來檢視臺灣的素食者與非素食者有症狀性膽結石疾病的風險，並探討是否與膽固醇濃度有關。

我們前瞻性地追蹤了 4,839 名參與者，在 29,295 人年 ※註 的追蹤調查訪中，確認了 104 例新的膽結石病例。

飲食方式是利用驗證過的食物頻率調查問卷。

有症狀性膽結石疾病的確認，是透過與臺灣的健保研究資料庫連結。血液膽固醇的數值，是在募集資料時抽血得知。

統計上使用 Cox 迴歸來評估飲食對有症狀膽結石的影響，並根據年齡、教育程度、抽菸、飲酒、體育活動、糖尿病、腎臟疾病、BMI、降血脂藥物和高膽固醇血症進行調整。

與非素食者相比較，素食者與有症狀的膽結石的風險降低相關（風險比 [HR]：0.52；95％信賴區間 [CI] 為 0.28-0.96），但男性則沒有。在女性中，高膽固醇血症的非素食者罹患膽結石的風險是膽固醇正常的素食者的 3.8 倍（HR，3.81、95％ CI，1.61-9.01）。

因此，素食主義者可以預防膽結石，而不受基線高膽固醇血症的影響。非素食飲食和高膽固醇血症可能會增加女性膽結石風險。

※註：「人年」＝追蹤人數╳追蹤時間。於此研究，約追蹤六年時間。

研究醫師的話　張群明醫師　花蓮慈濟醫院乳房醫學中心主任

　　膽結石有很多成因，而主要成因可分為兩種，一種是屬於色素沉積，另一種是屬於膽固醇沉積。膽固醇的沉積造成的結石，又引起疼痛，就會導致膽囊發炎。我們帶著「素食可以降低膽固醇」這樣的假設，開始這項研究。最直觀的想法就是覺得素食的人也許膽固醇比較低，會不會讓膽結石發作的機率降低，發生膽囊炎的機率降低？

　　因為很多人體內都有膽結石，只是沒有發病、沒有症狀，就在身體裡面和平共處。我們這次研究是要看，什麼時候膽結石會引起膽囊發炎。而慈濟的素食世代資料庫以女性為多數，這次的研究，男性樣本數不夠，所以是以女性為主，結果有看到這樣的一個差異——女性素食者得到膽囊炎的機率，比沒有吃素的人還要低。

　　進一步分析抽血檢查結果，跟血中膽固醇的濃度有沒有關係？後來發現，如果你本身吃葷、膽固醇濃度又比較高，得膽囊炎的機率就比吃素的女性或膽固醇比較低的女性還要高。

我本身素食約八年的時間，目前是蛋奶素。飲食方面：第一、不要太油；第二、不要太鹹，喜歡口味清淡，不喜歡吃炸的。蔬菜盡量多樣化，每餐都會吃到豆製品。

大家吃素最擔心的是蛋白質不夠，其實蛋白質不只有豆製品或蛋類有，飯、麵等五穀根莖類含澱粉類的食物都有蛋白質。吃飯，不只填飽肚子，也要有趣味，所以會多樣攝取，每餐有些小變化。但不會某一種愛吃的就吃過量，還是要均衡。工作忙，早餐就把堅果和自製豆漿打在一起，當果汁喝。

在臨床有很多乳癌病人，很多病人會問我飲食要注意什麼？我第一個建議就是要吃素。素食，對於乳癌或者對女性朋友來說，有減少乳癌發生率的效果。

但很多病人會說沒辦法，我就退而求其次，建議他們少吃肉類。也會教病人素食的飲食方式。即使一般人說開完刀後要吃鱸魚湯之類的補一補，我還是強調吃素就好了，一樣營養又可以滋補，促進傷口癒合。口欲很難改變，不過還是有病人後來真的吃素，讓我很有成就感。

營養師這樣說

　　膽結石與飲食有著一定關係，若平常飲食習慣較為精緻化，喜愛吃大量精緻澱粉的製品、甜點、餅乾等，建議降低精緻澱粉及其製品的攝取，改為增加全穀雜糧類的攝取。

▲ 整顆番茄炊飯（詳見第 95 頁）

▲ 核桃地瓜派（詳見第 101 頁）

　　全穀雜糧類包含像是糙米、燕麥、紅豆、綠豆、地瓜、山藥、全麥等，及蔬菜、水果等，都富含膳食纖維，可以增加膽酸在腸道中隨糞便一起排出的機會，由小腸回收的膽酸因此減少，肝臟就需要製造新的膽酸來補足流失的部分。而血中膽固醇是新膽酸的原料，透過此一循環來達到體內膽固醇含量降低，帶動膽汁中的膽固醇減少，降低膽結石發生的可能。

富含膳食纖維的全穀雜糧

▲ 糙米　　▲ 燕麥　　▲ 紅豆　　▲ 綠豆　　▲ 地瓜　　▲ 山藥

　　預防膽結石的飲食原則，除了降低精緻澱粉攝取、減少富含膽固醇食物外，建議攝取足夠的膳食纖維，避免膽汁在膽囊中停留過久而變得過於濃稠，還可以增加飽足感，避免因飲食原則上的一些調整，導致感到飢餓。衛生福利部建議女性每日蔬菜攝取達 4 份、男性則為 5 份。

衛生福利部建議每日蔬菜攝取量

女性
每日蔬菜
攝取達 4 份

男性
每日蔬菜
攝取達 5 份

整顆番茄炊飯

烹調時間｜45 分鐘（含蒸煮時間 30 分鐘）

此道料理將日常習慣食用的白米主食換成糙米，進而提升全穀雜糧類的攝取，並搭配牛番茄增添料理的風味，增加平常沒有習慣吃糙米飯的適口性，若是還不習慣主食改成食用糙米飯，也可以將 1/3 的糙米換成白米。

材料

糙米	80 克
牛番茄	1 顆（約 160 克）
橄欖油	1 茶匙

調味料

鹽	0.25 克
熱水	80CC

作法

1 糙米洗淨，倒入電鍋內鍋，加入與糙米等量的熱水，浸泡 10 分鐘。

2 牛番茄洗淨，去除蒂頭，取刀片在頂部及底部分別劃上十字線，再放入熱水汆燙約 1～2 分鐘，撈起，撕去外皮，移入作法 1（浸泡糙米內鍋的正中間）。

3 將橄欖油 1 茶匙及鹽放入電鍋內鍋，外鍋加水 1 杯，按下電鍋開關開始煮飯，待開關跳起後（先不打開電鍋上蓋），繼續燜約 10～15 分鐘。

4 戴上隔熱手套，打開電鍋上蓋，用飯勺拌勻，即可享用。

營養成分分析　每一份量 320 克，本食譜含 1 份

熱量 （大卡）	蛋白質 （克）	脂肪 （克）	飽和脂肪 （克）	碳水化合物 （克）	糖 （克）	鈉 （毫克）
353.9	7.8	7.1	1.29	66.7	3.9	92

鉀 （毫克）	磷 （毫克）	鈣 （毫克）	鐵 （毫克）
525.7	248.1	25.0	1.6

營養成分分析　每一份量 170 克·本食譜含 2 份

熱量 （大卡）	蛋白質 （克）	脂肪 （克）	飽和脂肪 （克）	碳水化合物 （克）	糖 （克）	鈉 （毫克）
231.8	12.9	14.3	3.2	13.7	0.6	264

鉀 （毫克）	磷 （毫克）	鈣 （毫克）	鐵 （毫克）
267.9	174.1	167.5	2.7

豆腐大阪燒

烹調時間 | 30 分鐘

此道食譜利用板豆腐來取代大阪燒中的海鮮及豬肉等魚肉類，達到降低飲食中膽固醇之攝取。若想要讓大阪燒口感層次更豐富，也可以再添加其他食材，例如胡蘿蔔絲、杏鮑菇丁等蔬菜，但要注意的是蔬菜會出水，若是蔬菜比例增加，可酌量增加麵粉的量，避免黏稠度不足而無法成型。

材料

板豆腐	200 克
高麗菜	40 克
雞蛋	1 個
低筋麵粉	15 克
酪梨油	2 茶匙

調味料

鹽	1 克
美乃滋	10 克
海苔	適量
照燒醬	適量

作法

1 將板豆腐放在容器中，用湯匙壓碎；高麗菜洗淨，切成細絲後，用餐巾紙瀝乾水分，備用。

2 低筋麵粉、高麗菜絲、雞蛋放入調理盆中，再放入板豆腐、鹽一起混合拌勻，即成豆腐麵糊。

3 取平底鍋倒入酪梨油，轉小火加熱，用湯勺挖取豆腐麵糊鋪平在平底鍋中（建議分成四塊）。

4 等待一面煎至金黃色時，再翻面，以小火繼續煎至兩面均呈金黃色，即可起鍋。

5 塗上適量的照燒醬，淋上美乃滋，再撒上適量海苔粉，即可食用。

湯品

鮮蔬芙蓉湯

烹調時間 | 20 分鐘

此道食譜其所含的蔬菜份量約可達每日女性 1/2 的蔬菜建議攝取量、男性約 1/3 的蔬菜建議攝取量，除了含有三種蔬菜之外，此道料理低油，但透過蛋花的方式，增加其食用時滑順口感。若為全素者，因沒有雞蛋，則建議胡蘿蔔及香菇可先用一茶匙的植物性油脂進行拌炒、菠菜先汆燙過，再煮成蔬菜湯，口感及風味都會較佳。

材料

菠菜	100 克
胡蘿蔔	25 克
鮮香菇	25 克
雞蛋	1 顆

調味料

鹽	1 克
香油	適量

作法

1 將菠菜洗淨，切段；胡蘿蔔洗淨，削皮，切成薄片；鮮香菇切薄片；雞蛋打散，備用。

2 取湯鍋倒入水 500CC 煮沸，先放入胡蘿蔔煮至熟軟後，加入鮮香菇、菠菜、鹽。

3 等待湯鍋中的水，再次沸騰時，倒入蛋液，熄火，滴上少許香油，即完成鮮蔬芙蓉湯。

營養成分分析　每一份量 250 克，本食譜含 1 份

熱量 （大卡）	蛋白質 （克）	脂肪 （克）	飽和脂肪 （克）	碳水化合物 （克）	糖 （克）	鈉 （毫克）
108.6	9.4	6.2	1.9	6.6	2.4	516

鉀 （毫克）	磷 （毫克）	鈣 （毫克）	鐵 （毫克）
414.8	162.2	126	2.4

（點心）

核桃地瓜派

烹調時間｜ 60 分鐘

高脂肪、高膽固醇飲食容易造成膽汁中的膽鹽、卵磷脂及膽固醇三者間比例失衡，膽汁中膽固醇飽和，無法有效排出，是造成膽結石的原因之一。飲食上適合以高纖低脂飲食為原則，此道簡化點心採高纖食材地瓜搭配優質油脂核桃，並以玉米脆片及葡萄乾調味，提供一道優質點心選擇。

材料

地瓜 ················· 2 條（約 650 公克）

玉米脆片 ················ 60 公克

大葡萄乾 ················ 50 公克

核桃 ···················· 25 公克

調味料

鹽 ······························· 3 公克

肉桂粉 ························· 少許

作法

1　地瓜洗淨，去皮，蒸熟，壓成泥、灑上鹽拌勻；核桃壓碎，備用。

2　烤箱上下預熱 175 度。準備烤盤，將地瓜泥鋪底，再均勻灑上碎核桃。

3　移入烤箱烤 20 分鐘，取出烤盤，再撒上玉米脆片、葡萄乾及肉桂粉，即可食用。

營養成分分析　每一份 45 克，本食譜 16 份

熱量 （大卡）	蛋白質 （克）	脂肪 （克）	飽和脂肪 （克）	碳水化合物 （克）	糖 （克）	鈉 （毫克）	膳食纖維 （克）
75.4	1.1	1.2	0.1	15.6	3.1	115.9	1.2

4. 痛風

[研究論文] 運用兩個獨立的前瞻式世代研究素食飲食與痛風風險

Vegetarian diet and risk of gout in two separate
prospective cohort studies

資料庫 TCVS 慈濟素食研究資料庫 & TCHS 慈濟健康世 & 連結健保資料庫

登載期刊／年分 Clinical Nutrition《臨床營養學》／ 2019 年

文獻位址 Clin Nutr. 2020 Mar;39 (3)：837-844.　doi: 10.
j.clnu.2019.03.016　Epub 2019 Mar 27

作者群 邱雪婷 (輔仁大學營養科學系副教授、台灣素食營養學會祕書長)、
張嘉珍 (時任醫療法人統計諮詢師)、 林名男 (大林慈濟醫院副院長)、
林俊龍 (慈濟醫療財團法人執行長)

【論文摘要中譯】

背景與目的 植物性飲食有多種功能來避免痛風發病
機理（降低尿酸和抗發炎），同時改善痛風相關
的心血管代謝合併症。我們旨在前瞻地檢視素食
與痛風之間的關係，並探討這種關係是否與高尿
酸血症無關。

方法 我們追踪「慈濟健康世代研究資料庫」
（2007~2009 年募集的資料庫）4,903 人及「慈濟素食
研究資料庫」（2005 年募集）9,032 人，直到 2014 年底。

在「慈濟健康世代研究資料庫」中測量基線血清尿酸。
飲食型態是由包括飲食習慣和食物頻率調查表在內的
飲食調查表來進行評估。痛風發生率的確定，是利用
與健保資料庫連結。

運用 Cox 迴歸來評估素食者與非素食者的痛風風險比率,並根據年齡,性別、生活方式和代謝風險因素進行調整。在「慈濟健康世代研究資料庫」中還特別針對高尿酸血症進行調整。

結果 在「慈濟健康世代研究資料庫」中,奶蛋素食者的尿酸濃度最低,其次是純素食者,然後是非素食者(男性:分別為 6.05、6.19、6.32 mg / dL;女性:分別為 4.92、4.96、5.11 mg / dL)。

在 29,673 人年的追蹤研究中,發生了 65 例痛風病例;素食者患痛風的風險較低(不調整高尿酸血症:HR:0.33;95% CI:0.14、0.79;調整高尿酸血症:HR:0.40; 95% CI:0.17,0.97)。

在「慈濟素食研究資料庫」中,在 83,019 人年的追蹤研究,發生了 161 起痛風病例,素食者的痛風風險也較低(HR:0.61; 95% CI:0.41、0.88)。

結論 臺灣的素食飲食與痛風風險降低有關。這種保護性關聯可能獨立於基線高尿酸血症。(但是對高尿酸血症者不適用)

[研究論文] 素食在高尿酸血症患者與產生慢性腎臟病的風險降低有關

Vegan diet is associated with a lower risk of chronic kidney disease in patients with hyperuricemia

作者群 吳家麟（天主教耕莘醫院腎臟科醫師）、蔡文心（台北慈濟醫院兒科部醫師）、劉佳鑫（台北慈濟醫院腎臟科醫師）、劉浩文（固的診所）、黃馨儀（時為慈濟大學醫學系學生）、郭克林（台北慈濟醫院腎臟透析中心主任）

登載期刊／年分 Nutrients《營養素》／ 2023 年

文獻位址 Nutrients. 2023 Mar 16;15（6）:1444. doi: 10.3390/nu15061444.

[論文摘要中譯]

高尿酸血症是慢性腎臟疾病（CKD）的已知危險因素。目前尚不清楚素食飲食是否與高尿酸血症患者 CKD 風險較低有關。本研究回顧性納入了 2005 年 9 月 5 日至 2016 年 12 月 31 日期間在台北慈濟醫院接受健康檢查的穩定期高尿酸血症患者。所有參與者完成了膳食習慣問卷，以確定他們是雜食者、奶蛋素食者還是純素食者。

CKD 的定義是估計的腎小球過濾率 <60 mL/min/1.73 m2 或蛋白尿的存在。共招募了 3,618 名高尿酸血症患者參加了這項橫斷面研究，包括 225 名純素食者、509 名奶蛋素食者和 2884 名雜食者。在年齡和性別調整後，純素食者的 CKD 患病率比雜食者顯著降低（優勢比：OR 為 0.62；p=0.006）。

在調整了其他雜訊因素後，純素食者的 CKD 患病率仍然顯著低於雜食者（OR 為 0.69；p=0.04）。此外，年齡（每增加一歲，OR 為 1.06；p<0.001）、糖尿病（OR 為 2.12；p<0.001）、高血壓（OR 為 1.73；p<0.001）、肥胖（OR 為 1.24；p=0.02）、吸菸（OR 為 2.05；p<0.001）和非常高的尿酸水平（OR 為 2.08；p<0.001）是高尿酸血症患者CKD的獨立危險因素。此外，結構方程模型顯示，純素飲食與較低的 CKD 患病率相關（OR 為 0.69；p<0.05）。純素飲食與高尿酸血症患者的 CKD 風險降低 31% 有關。

營養師這樣說

　　血中尿酸過高時會形成結晶沉積在關節，引起關節處發炎、痛風等問題，尿酸過高還可能引起腎臟功能異常的問題。體內的尿酸，約有20％由食物而來，食物中的普林（Purine）及富含核蛋白的食物都會增加血中尿酸含量。

　　近年來關於控制尿酸的飲食建議，包括避免酒精的攝取，特別是啤酒，每天喝2～3瓶啤酒會增加2.5倍的痛風發生機率；肉類及海鮮分別會增加41％及51％的痛風發生率；含糖飲料，尤其是合成的高果糖糖漿，研究指出每天攝取2份含糖飲料會增加239％的痛風發生機率。

　　研究指出，只有動物性的普林，才與痛風的發生率有正相關，豆類、菇類等植物性的高普林食物不會增加痛風風險。富含纖維、維生素C及葉酸的食物能降低痛風發生的風險：全穀類、深綠色蔬菜等都是很好的選擇。

　　研究指出，水果含的天然果糖不會增加痛風的風險，一份水果的純果糖量約8克，依照衛生福利部的每日飲食指南建議攝取量是2份。

　　近年的研究發現高尿酸血症會增加許多疾病的發生風險，如：心血管疾病、腎臟病、代謝症候群等。體內的尿酸有80％與代謝有關，因此痛風患者仍需配合醫生用藥及調整生活型態，如：充足的飲水、控制體重及適度的運動等，減少發作，維持健康。

全穀

月桃福袋

烹調時間│60 分鐘

豆類和香菇一直都被痛風患者視為禁忌食物，很多資料都標明乾香菇是高普林的食物，卻都忽略了「使用量」的問題。事實上，乾香菇做為調味使用，往往只有幾公克，普林量並不高。以此料理為例，每份香菇僅用 1 克，普林含量大約只有 2 毫克；10 克的皇帝豆，普林含量約 3.2 毫克，是可以安心適量食用的。

材料

月桃葉	3 ～ 4 片
糙米	50 克
紫米	10 克
皇帝豆	30 克
香菇	3 克
菜脯	15 克
水	110 克

調味料

植物油	5 克
糖	0.6 克
白胡椒粉	0.4 克
黑豆醬油	2 克
素蠔油	5 克

作法

1 糙米及紫米洗淨，瀝乾水分，加入水 110CC 浸泡 6 小時以上，備用。

2 皇帝豆洗淨，放入滾水中汆燙；月桃葉削去 2/3 厚度的硬梗，燙軟。取一張月桃葉，依照葉脈的紋路撕下作為綁繩，並撕下一片月桃葉，備用。

3 香菇泡水至軟，擠乾水分，切成粗末；菜脯泡水約 20 分鐘（去除多餘的鹽分）瀝乾水分，切末。

4 取炒鍋倒入植物油加熱，放入香菇末、菜脯炒香，加入糖、白胡椒粉、黑豆醬油炒勻，熄火。

5 將浸泡好的糙米，連同浸泡水一起倒入電鍋內鍋中，加入素蠔油拌勻，上面擺入撕下的月桃葉。

6 電鍋外鍋倒入水 2 杯，蒸煮至開關跳起，續燜 10 ～ 20 分鐘，再取出月桃葉。

7 糙米飯攪拌均勻後，均分為 3 份，放入月桃葉中，每一份放入 2 ～ 3 粒的皇帝豆。

8 再將月桃葉對摺後，綁起，即成月桃福袋，移入電鍋中，外鍋水半杯蒸煮至開關跳起即可。

放入生米中的月桃葉會使糙米飯中充滿月桃葉的香氣。若不喜歡太重的味道，則可將月桃葉汆燙久一點再使用。

營養成分分析　每一份量 68 克，本食譜含 3 份

熱量（大卡）	蛋白質（克）	脂肪（克）	飽和脂肪（克）	碳水化合物（克）	糖（克）	鈉（毫克）	普林（毫克）
106.5	3	2.1	0.4	18.8	0.4	179	10.7

※ 普林含量計算資料來源：Shmeul Halevi. Gout and Purine content in foods

營養成分分析　每一份量 65 克，本食譜含 5 份

熱量 （大卡）	蛋白質 （克）	脂肪 （克）	飽和脂肪 （克）	碳水化合物 （克）	糖 （克）	鈉 （毫克）	維生素 C （克）
31.3	0.7	0.2	0	7.3	5.3	253.6	21.1

檸檬漬紫高麗雙拼

烹調時間｜10 分鐘（不含靜置時間）

研究指出維生素 C 能夠增加尿酸的排出，富含維生素 C 的水果如：芭樂、小番茄、奇異果、甜橙類等水果；蔬菜中以甜椒類維生素C最高。維生素 C 容易被高溫破壞，生吃比較能吸收。櫻桃、檸檬等水果都有助於降低尿酸風險。紫高麗含有豐富的花青素，具抗氧化的作用，減少發炎反應，也是降低尿酸的好選擇。

材料

紫高麗菜 ················· 150 克
去皮白蘿蔔 ············· 150 克

調味料

新鮮檸檬汁 ············ 40 克（可用白醋替代）
鹽 ································ 3.5 克
糖 ································ 20 克
磨碎的檸檬皮或瘋柑葉（檸檬葉）······ 少許
（依個人喜好添加）

作法

1 紫高麗菜洗淨，切成細絲，加入鹽稍加搓揉後，靜置 2 ～ 4 小時至軟。檸檬汁加入糖調勻（重量 60 克），備用。

2 將 45 克調好的檸檬汁、檸檬皮（或瘋柑葉），倒入紫高麗菜絲中，放入冰箱冷藏約 1 ～ 2 小時翻動一次，醃至入味後，將紫高麗醃汁倒出，備用。

3 將白蘿蔔切薄片，加入鹽 1.5 克，稍加搓揉後，靜置約 30 分鐘至軟。

4 白蘿蔔片擠乾水分，倒入紫高麗醃汁及剩下的 15 克檸檬汁，放入冰箱冷藏，約 1 ～ 2 小時翻動一次，醃至入味即可。

紫高麗菜質地較硬，需要較長的時間才能入味，也可不加鹽，做成酸甜口味泡菜。

（點心）

黃金翡翠蒸餃

烹調時間｜30 分鐘

晒乾的香菇由於脫水，普林含量較高，一直被視為禁忌。根據研究，食用蔬菜類，包括黃豆、豆類、蕈菇類等並不會提高發生痛風的風險。臺灣痛風與高尿酸血症指引 2016 診治指引中說明：「豆類根據各方面研究顯示是可以適量食用，除非它確曾引起個別病人的痛風發作」。少量的鮮味劑不會影響尿酸生成，因此，本食譜使用少量的味精搭配菇類使用，可以增加食物的鮮味又可以避免大量使用菇類。

材料

皮 中筋麵粉 ·························50 克

澄粉（或太白粉）··················5 克

鹽 ·····························0.3 克

熱開水（90℃以上）···············20 克

熟的栗子南瓜果肉 ···············20 克

餡 青江菜 ························120 克

豆干 ···························30 克

金針菇 ·························10 克

調味料

鹽 ···························1.5 克

白胡椒粉 ·······················少許

香油 ···························3 克

薑末 ···························3 克

味精 ···························微量

作法

餡料

1 青江菜洗淨，放入滾水中汆燙，再擠乾水分，切碎；金針菇洗淨，切末；豆干切碎，備用。

2 將青江菜末、金針菇末、豆干末、全部的調味料拌勻，即成餡料，備用。

蒸餃皮

1 麵粉加入澄粉（太白粉）、鹽混勻，邊攪拌邊倒入 20CC 的熱開水，靜置稍涼後，加入熟栗子南瓜果肉揉勻，放入調理盆中，加蓋保濕，靜置鬆弛。

2 桌面灑上一點麵粉防沾，將麵糰取出，揉搓成長條狀，分切為 6 塊。

3 將小麵糰一一壓扁後，用**擀**麵杖**擀**成圓形餃子皮，並將餡料分別包入餃子皮中。

4 蒸籠擺入一張烘焙紙，再將包好的餃子放在烘焙紙上面，移入蒸鍋（水要煮沸），以大火蒸約 10 分鐘，即可取出食用。

營養成分分析　每一份量 106 克，本食譜含 2 份

熱量 （大卡）	蛋白質 （克）	脂肪 （克）	飽和脂肪 （克）	碳水化合物 （克）	糖 （克）	鈉 （毫克）	鈣 （毫克）
154.4	6	3.3	0.6	25.1	0.9	464.4	158.1

薑汁撞奶

烹調時間｜ 10 分鐘

市面上的手搖飲一杯就有 30 克以上的純果糖，會增加尿酸。很多人覺得低脂乳品味道不夠醇厚，此料理利用濃縮及添加薑汁來增加飲品的適口度，可以用來取代市售的含糖飲料，減少果糖攝取量。

※ 不喝牛奶的人，可以選用豆奶替代，豆奶的溫潤搭配略帶辛辣的薑汁，別有一番滋味。

※ 薑中的蛋白酶會與牛奶的酪蛋白質作用，產生凝固現象，薑的蛋白酶會因品種及生長時間而有不同，嫩薑因含量太低，無法使用。一般來說，竹薑及老薑的含量最高，可以依照薑的品種及個人喜好調整薑汁用量，薑汁撞奶的溫度大約 70 ～ 75 度之間口感最好，溫度太低則無法凝固。

材料

低脂鮮奶 ·····················230CC
現磨薑汁 ·······················12 克

調味料

糖 ································10 克

作法

1 將鮮奶倒入小湯鍋中，加入糖攪勻，轉小火加熱，煮至剩下 150 克，熄火，降溫至約 75℃。

2 將杯中薑汁的白色沉澱再次攪勻後，再將 作法 1 的牛奶沖入，加蓋，靜置約 10 分鐘即可。

脫脂奶則不易成型；就算不成型，仍然是好喝的飲品。薑汁在靜置中會產生白色沉澱，充分攪勻才不會影響口感。也可選擇做不加糖的原味飲品。

營養成分分析　每一份量 172 克，本食譜含 1 份

熱量 （大卡）	蛋白質 （克）	脂肪 （克）	飽和脂肪 （克）	碳水化合物 （克）	糖 （克）	鈉 （毫克）	鈣 （毫克）
142.7	7.2	2.9	2	22.4	24.3	84.7	227.8

樂蔬健康醫 身心安頓 多蔬多運動

葉明憲　大林慈濟醫院中醫部主任

真正完全素食是從 2010 年參加慈濟《水懺》經藏演繹之後，體悟到要有更好的修行生活，素食是一個關鍵。不起殺心，更能尊重彼此的生命。

我發現自己素食之後，生活開始變單純了。一開始只知道自己的選擇變少，但接下來的轉變是身心安頓，欲望愈來愈簡單，生命開始減少了很多我慢。

如果臨床遇到腫瘤病人，我會建議他們素食。有一位肺癌的患者就因此從肉食習慣改成素食，也重拾健康。中醫學理說「肺朝百脈」，所有的飲食濁氣都會透過肺送到全身，如果能夠正本清源，吃素食，身體的濁氣減少，疾病也比較容易治療處理。

這位肺癌病人調整飲食之後，疾病得到良好控制，臉上也出現笑容，還有力氣到慈濟環保站當電器維修師，樂於付出，愈做愈歡喜。原本是末期肺癌，病人到現在已經存活超過五年以上，維持著身心健康。

在我們開立的中藥，有為數不少的動物性藥材，疾病所需要的各種狀態不同，每一種藥材都有它的特色，有可取代性及不可取代性，如果是素食的病人，我通常會避開動物性藥材。但如果病人的疾病是屬於病態或很嚴重的狀態，一定要用到血肉有情的用藥時，我一定告知患者，讓素食者能做選擇並尊重。

天地有情，長養萬物，也療癒眾疾，若有愈來愈多機會開發非動物性用藥，而有同樣的治療效果，應當是我輩素食者之福。

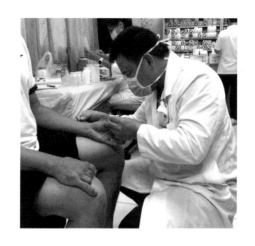

要由葷轉素，不建議立刻就吃純素，因為要讓身體適應，宜採漸進式，然後在習慣蔬食的狀態之後，就可以全素了。

我的素食習慣，就是多吃蔬菜，廣泛的吃各類食物，然後要搭配運動，讓自己可以消化這些好的食物。

養成規律的運動習慣，是健康生活的重要環節，我每週二、五至少運動一至二小時，週六則會花四小時在運動上。運動的項目包括基礎的拉筋、蹲馬步，打太極拳、劍、刀，及內功鍛鍊。

其他時間，平時走路也可以當運動訓練，隨時隨地都可練內功，有空就做一下，就會累積足夠的運動量，達到運動的效果。

5. 中風

[研究論文] 運用兩個世代資料庫研究素食飲食與中風、缺血性及出血性中風發生率

Vegetarian diet and incidence of total, ischemic, and hemorrhagic stroke in 2 cohorts in Taiwan

資料庫 TCVS 慈濟素食研究資料庫 & TCHS 慈濟健康世代研究資料庫 & 連結健保資料庫

登載期刊／年分 Neurology《神經醫學》／ 2019 年

文獻位址 Neurology. 2020 Mar 17;94（11）:e1112-e1121. doi: 10.1212/WNL.0000000000009093. Epub 2020 Feb 26.

作者群 邱雪婷（輔仁大學營養科學系副教授、台灣素食營養學會祕書長）、張懷仁（花蓮慈濟醫院心臟科醫師）、王齡誼（慈濟大學臨床藥學研究所助理教授）、張嘉珍（時任醫療法人統計諮詢師）、林名男（大林慈濟醫院副院長）、林俊龍（慈濟醫療財團法人執行長）

【論文摘要中譯】

目的 運用兩大前瞻式世代資料庫來了解素食如何影響中風的發病率，並探討是否可透過飲食中維生素 B12 的攝入來改善這種關聯。

方法 到 2014 年底，沒有中風病史的參與者，在「慈濟健康世代研究資料庫」中有 5,050 人，在「慈濟素食研究資料庫」中有 8,302 人。飲食型態是以食物頻率問卷來評估。中風事件和基線合併症（baseline comorbidities）是透過連結健保資料庫來確定。

在「慈濟健康世代研究資料庫」中的次群體有 1,528 名參與者進行了血清高半胱氨酸、維生素 B12 和葉酸的評估。

素食飲食與中風發生率之間的相關性是以 Cox 迴歸分析,並隨著時間序來調整性別、教育程度、抽菸、喝酒、活動運動程度、BMI(只有「慈濟健康世代研究資料庫」)、高血壓、糖尿病、血脂異常和缺血性心臟病等因素的影響。

結果 與非素食者相比,素食者的血清維生素 B12 含量較低,葉酸和高半胱氨酸含量較高。追蹤「慈濟健康世代研究資料庫」的 30,797 人年,有 54 例中風。素食者比非素食者有較低的風險罹患缺血性中風(風險比 [HR] 為 0.26;95%信賴區間 [CI] 為 0.08-0.88)。

追蹤「慈濟素食研究資料庫」的 76,797 人年,發生了 121 例中風。素食者比非素食者的總體中風(HR,0.52;95% CI,0.33-0.82)、缺血性中風(HR,0.41;95% CI,0.19-0.88)和出血性中風(HR,034;95% CI,0.12–1.00)的發生風險較低。

探索性分析的結果是,維生素 B12 的攝入量可能會改變素食與總體中風之間的關聯(p 交互作用 = 0.046)。

 結論 臺灣的素食飲食與缺血性和出血性中風的低風險有關。

研究醫師的話　張懷仁醫師　花蓮慈濟醫院心臟內科病房主任

大林慈濟醫院家醫科醫師林名男副院長、輔仁大學營養科學系邱雪婷副教授和我等人，在慈濟醫療法人林俊龍執行長帶領下，十幾年前就開始針對臺灣人飲食習慣做素食營養與健康的相關性研究。我們那時候除了腦血管中風之外，還有缺血性心臟病、心衰竭、心律不整等研究尚未發表，有些是因為連結健保資料庫發現病例數不夠，或是還無法看出差異性。

在我們的論文發表之前，英國的牛津大學才剛發表一篇論文，說素食會造成中風的比例增加。那時已有一些論文證實素食能夠保護心臟，但對於腦中風到底有沒有保護，是打一個問號，一直沒有定論。

所以我們的論文針對臺灣、對東方人的素食飲食模式進行研究，運用兩個前瞻性世代追蹤研究的慈濟資料庫，設定各種不同的模組進行分析，把所有的干擾因子都校正完之後，所得到結論都是一致的，就是素食會降低 60 ～ 74％的中風比例。不只是栓塞性腦中風，出血性腦中風也降低，只是出血性腦中風的發生個案數比較少，論文投稿時審查委員有提出意見，所以就沒有那麼強調素食對出血性腦中風的效果。研究結果刊登在 2020 年的神經醫學雜誌，這是全球頂尖的臨床神經醫學領域科學期刊。

營養師這樣說

　　依據衛生福利部 2021 年十大死因統計顯示，心臟疾病為十大死因的第二位，腦血管疾病為第四位，世衛組織認為兩者都為血管相關疾病，所以只要會造成血壓、血糖、血脂肪上升、體重過重與肥胖的危險因子，都會增加罹患兩種疾病的風險。

　　相反，如果能控制血壓、血糖、血脂肪的上升和維持標準體重，也就能預防中風。

　　在使用藥物控制之外，更多專家建議首先要施行治療性生活型態至少三到四個月，藉由調整飲食與生活習慣，控制慢性代謝性疾病（三高）的進展，消除危險因子，降低中風發生的機率。

　　目前證實能有效降低血壓、血脂、進而控制血糖的飲食首推「得舒飲食」（DASH, Dietary Approaches to Stop Hypertension），原意即為降低高血壓的飲食方法。

　　由美國國家衛生研究院（National Institute of Health, NIH）提出，建議食物應多攝取富含纖維、蛋白質、鈣、鉀、鎂的食物，如：蔬菜、水果、低脂奶類、全穀類、植物油、白肉、堅果以及豆類。並減少精緻醣類（例如：白米、糖果、餅乾等）、含大量飽和脂肪食物（例如肥肉、全脂奶類、椰子油、棕櫚油）、反式脂肪食物（例如：氫化人造奶油、酥油等）以及含鈉量高的食物（國建署建議每日鈉攝取量應 <2,400 毫克）。

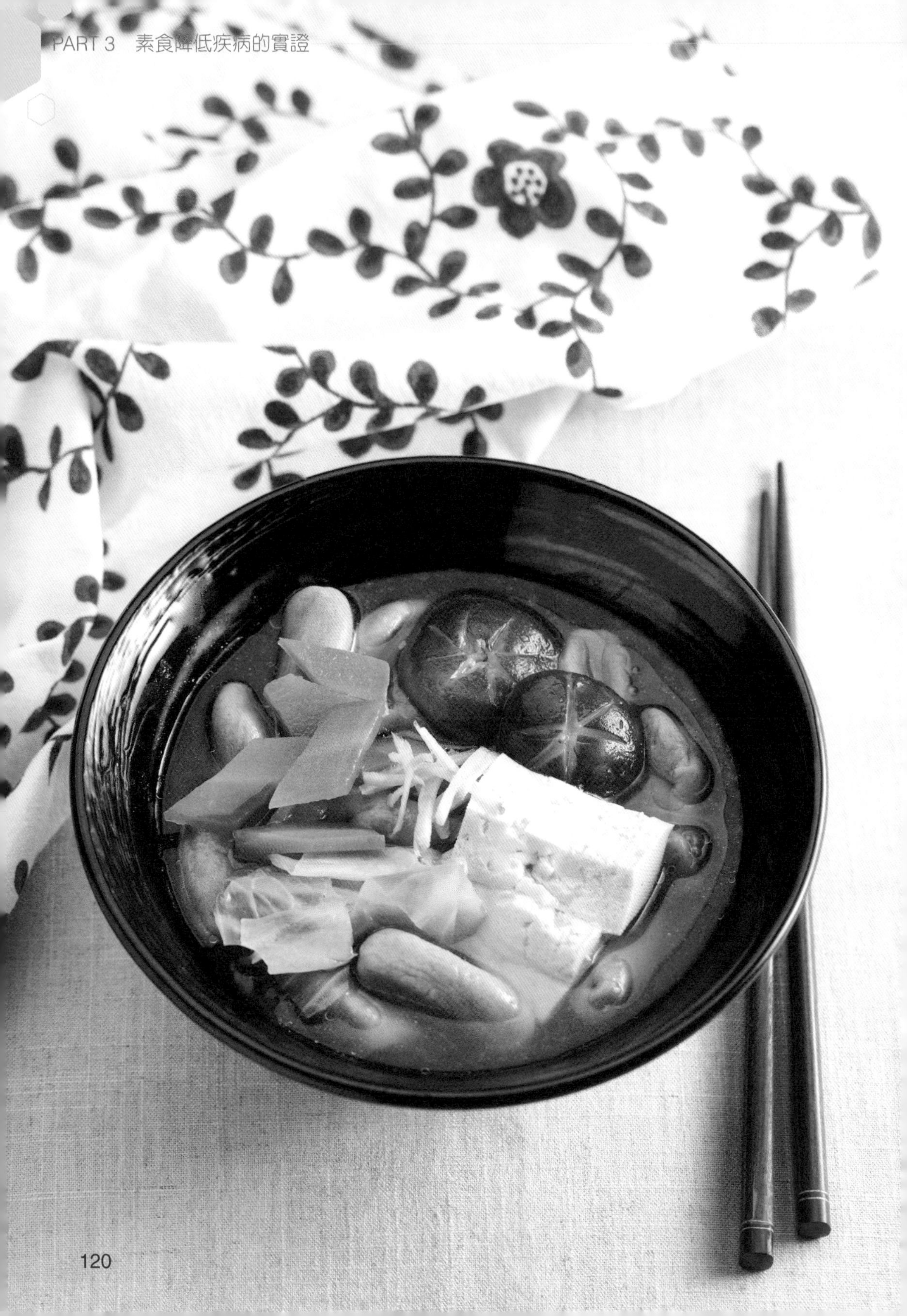

全穀

蕎麥麵疙瘩

烹調時間 | 40 分鐘

蕎麥屬於全穀雜糧類，含有不亞於小麥的蛋白質和膳食纖維，蕎麥粒所含可溶性纖維量高於其他禾穀類作物，維生素 B2、B1 和 E 的含量亦顯著高於其他作物，且含有芸香苷（Rutin），對於血管有擴張及強化作用，具有預防中風及高血壓等效果。

因無小麥蛋白質的筋性，故缺乏黏彈性，在製作過程中有時可加入小麥粉來增加口感。國健署建議每日應至少攝取 1/3 未精製穀類，增加膳食纖維和多種維生素、礦物質、微量元素的攝取。

材料	調味料
中筋麵粉 ················· 150 克	鹽 ···················· 2 克
蕎麥粉 ··················· 50 克
清水 ····················· 100CC

作法

1 將蕎麥粉與中筋麵粉均勻混合，加入鹽，再將 100 CC 清水分次緩慢加入粉中（開始和麵，邊揉邊加水），直到可將二種粉和成麵糰（不沾手、不沾盆、表面光滑），放入塑料袋或包上保鮮膜，靜置 20 分鐘鬆弛。

2 將鬆弛後的麵糰取出，再一次揉麵，並將其塑形呈長條狀，備用。

3 準備一鍋水以大火煮沸，將揉成長條狀的麵糰撕成小塊，用手指按壓一下，分別丟入熱水中，待其煮熟（浮出水面），撈起，即可。

4 放涼，可冷凍儲存，作為主食替代。

5 可搭配本書的元氣蔬菜湯，煮成蔬菜麵疙瘩湯，或是乾炒、沾醬食用皆美味。

營養成分分析　每一份量 120 克，本食譜含 3 份

熱量 （大卡）	蛋白質 （克）	脂肪 （克）	飽和脂肪 （克）	碳水化合物 （克）	糖 （克）	鈉 （毫克）
237.58	7.6	1.1	0.2	48.9	0	229.8

配菜

納豆蔬菜捲

烹調時間 | 20 分鐘

納豆主要由黃豆和枯草桿菌發酵後，形成氣味濃烈且有黏性的食材，在發酵的過程中，不僅保留了黃豆的營養價值，還有豐富的維生素K2、以及產生許多活性物質，像是納豆激酶，具有溶解體內纖維蛋白（預防血栓）及其他調節生理機能的保健作用。因納豆激酶較不耐熱，建議納豆以涼拌為主，避免長時間加熱烹煮。因味道濃烈特殊，建議搭配味道清淡且較無特殊氣味之食材，可以中和納豆特殊的味道。

材料

納豆 ·················1 盒（約 50 克）
　　　　　　　　（小粒納豆，可素食）

娃娃菜 ·························200 克

涼拌豆腐 ···········半盒（約 150 克）

調味料

黃芥末 ··························1 克
　　　　　　　　（納豆內附之醬包）

醬油 ··························3CC
　　　　　　（或用市售納豆內附醬包）

作法

1　娃娃菜一片片剝下，洗淨，放入滾水中汆燙（至菜梗微變透明），放入冷水降溫後，取出，瀝水，備用。

2　將納豆拆封，用筷子將其攪拌至出絲和黏液，加入黃芥末、醬油，再次攪拌（使調味料均勻拌入納豆中）。將涼拌豆腐壓碎，備用。

3　將汆燙好的娃娃菜兩片一組（視大小），將其半捲（菜梗在內）呈漏斗形狀，（菜葉在外反摺，使漏斗狀菜捲不會散開），中間填入壓碎的豆腐和調味後的納豆（豆腐與納豆量為 2：1），即可食用。

營養成分分析　每一份量 130 克，本食譜含 2 份

熱量 （大卡）	蛋白質 （克）	脂肪 （克）	飽和脂肪 （克）	碳水化合物 （克）	糖 （克）	鈉 （毫克）
117.8	13.5	5.7	1.4	19.7	2.4	101.9

營養成分分析　每一份量 208 克，本食譜含 2 份

熱量 （大卡）	蛋白質 （克）	脂肪 （克）	飽和脂肪 （克）	碳水化合物 （克）	糖 （克）	鈉 （毫克）
152.9	8.9	3.4	0.7	26.9	5.3	521

中東經典扁豆湯

烹調時間｜20 分鐘

紅扁豆又稱為肉豆、紅肉豆、火鐮扁豆、峨眉豆、扁豆子、紅雪豆，是中東地區常見的家常食材，是當地的主食之一。紅扁豆的維生素 A 含量和蛋白質（植物性蛋白質）含量特別豐富，它的蛋白質和肉類的蛋白質含量差不多，但是脂肪卻非常的低，除此之外，它也有豐富的膳食纖維以及礦物質，有助於體重控制。紅扁豆烹調方法以燉煮為主，因容易糊化，所以煮濃湯不必額外加澱粉或勾芡，搭配一些辛香料，很容易就能煮出具有異國風味又健康的菜餚。

材料

紅扁豆仁	60 克
洋蔥	1/2 顆（約 100 克）
番茄	1 顆（約 180 克）
檸檬	1/4 顆（約 25 克）
薄荷葉	少許（裝飾用）
橄欖油	1 茶匙（約 5 克）

調味料

孜然粉	3 ～ 5 克
	（可視個人口味調整）
綜合胡椒粉	2 ～ 3 克
	（視個人口味調整）
鹽	3 克

作法

1 紅扁豆仁沖洗後，泡水半小時；洋蔥去皮，切碎；番茄洗淨，切丁（若能去皮更好）；檸檬擠汁，備用。

2 取炒鍋倒入橄欖油，放入洋蔥碎，以中火炒至微黃，再加入番茄丁拌炒（將番茄煮至軟爛）。

3 放入紅扁豆仁拌勻，加入孜然粉和水 400CC（若想口感較濃稠，可加水 300CC 即可），轉大火煮沸。

4 取食物調理棒將湯品內的食材打成濃湯狀，起鍋前加入鹽、綜合胡椒粉調味，最後淋上檸檬汁，擺入薄荷葉，即成。

若不習慣中東菜品所加之辛香料，例如：孜然粉、紅椒粉等味道，可以不用加，只以鹽、胡椒等較熟悉的調味料調味，也是一道好喝又營養的湯品喔！

茴香橄欖油餅乾

點心

烹調時間｜90 分鐘

茴香是一種低熱量、高纖維、富含抗氧化物質的食物，同時也是良好的維生素 C 和鈣來源。茴香還含有許多其他營養素，例如鐵、鎂、維生素 B6 和鉀。

材料

茴香籽	1 小匙（2 克）
全麥麵粉	200 克
酵母粉	1/2 小匙（2 克）
溫水	70 毫升
橄欖油	3 大匙（30 克）
小蘇打粉	1/2 小匙（2 克）

調味料

白砂糖	2 大匙（30 克）
鹽	1/2 小匙

作法

1 將橄欖油倒入炒鍋中，以低溫油炸茴香籽，冒泡，即可熄火，放涼，備用。

2 全麥麵粉放入調理盆中，加入鹽、蘇打粉拌勻，備用。

3 取溫水 70 毫升（約 60 度）倒入容器，加入白砂糖 1 大匙、酵母粉攪拌一下。

4 將作法 3 的酵母液到入作法 2 中揉成團狀後，再加入作法 1 茴香橄欖油揉入麵糰中。

5 將揉好的麵糰放入調理盆中，密封，室溫發酵 1 小時。取兩大張烘焙紙、兩個長尺。

6 將發酵好的麵糰先用手拍平後，放在烘焙紙上，在蓋上另一張烘焙紙，上放左右兩邊長尺（幫助統一餅乾厚度），使用擀麵棍桿成長方形。利用叉子戳小洞。

7 利用長尺左右每 8 公分畫一條記號，利用長尺跟刮刀版分割餅乾大小（麵糰一共可做成 24 片餅乾，建議分成兩次擀平）。

8 切割好的餅乾放入 180 度的烤箱中，烤 8～10 分鐘即可取出。

營養成分分析　每一份量 12 克，本食譜含 24 份

熱量 （大卡）	蛋白質 （克）	脂肪 （克）	飽和脂肪 （克）	碳水化合物 （克）	糖 （克）	鈉 （毫克）	膳食纖維 （克）
45	1.1	1.4	0.2	7.2	1.3	29	0.7

6. 泌尿道感染

[研究論文] 素食與非素食者的泌尿道感染風險：前瞻式研究

The risk of urinary tract infection in vegetarians and non-vegetarians：a prospective study

作者群 陳彥璋（花蓮慈濟醫院解剖病理部數位病理科主任）、張嘉珍（時任醫療法人統計諮詢師）、邱雪婷（輔仁大學營養科學系副教授、台灣素食營養學會祕書長）、林名男（大林慈濟醫院副院長）、林俊龍（慈濟醫療財團法人執行長）

資料庫 TCVS 慈濟素食研究資料庫 & 連結健保資料庫

登載期刊／年分 Scientific Reports《科學報告》／ 2020 年

文獻位址 Scientific Reports, 2020 Jan 30;10 (1) :906. doi: 10.1038/s41598-020-58006-6

【論文摘要中譯】

泌尿道感染主要由大腸桿菌透過腸道──糞便──尿道上行性路徑感染造成。近期研究發現造成泌尿道感染的大腸桿菌，與造成腸胃道感染及正常共生在人體腸胃道的大腸桿菌是不同的菌株，屬於腸外治病型大腸桿菌的一種。

更進一步的研究發現肉類包括家禽類及豬肉，是此種腸外治病型大腸桿菌的主要生存場所。素食者沒有吃肉，理論上，暴露於腸外治病型大腸桿菌的風險比較低。但目前沒有研究探索素食飲食是否有可以減少泌尿道感染的風險。

我們的研究目標是藉由臺灣佛教族群探索素食飲食與泌尿道感染風險之關係。

我們從 2005 年到 2014 年間前瞻性地追蹤了 9,724 位一開始沒有泌尿道感染的佛教人士，在這 10 年的追蹤中共有 661 位發生泌尿道感染。飲食型態是藉由食物頻率問卷評估。我們進行 COX 迴歸分析，前瞻性地評估素食與泌尿道感染之間的關係，並校正年齡、性別、教育程度、飲酒、抽菸、高血壓、糖尿病、高血脂及易造成泌尿道感染的疾病條件的影響。

總體而言，素食者比非素食者有較低的泌尿道感染風險，降低了 16% 的風險（風險比：0.84，95％信賴區間：0.71-0.99）。經亞群分析後，素食飲食對於泌尿道感染的保護效果，主要發生在女性（風險比：0.82，95％信賴區間：0.69-0.99）、從未抽菸者（風險比：0.80，95％信賴區間：0.67-0.95）、及非複雜型泌尿道感染（風險比：0.81，95％信賴區間：0.68-0.98）。

研究醫師的話　陳彥璋醫師　花蓮慈濟醫院解剖病理部數位病理科主任

小時候在菜市場看到殺雞的場景，覺得很殘忍，因而決定開始吃素。吃素後覺得頭腦比較清晰，也不會跟眾生結下惡緣。

因為本身吃素，也想推廣素食，因緣際會下認識了臺灣素食營養學會，得知林俊龍執行長在做素食研究，因而加入研究團隊。在討論階段，林執行長談及素食對泌尿道感染的初步想法，而賦予我機會擔任這個主題的研究者，經團隊專業的營養師與統計分析師共同努力，得出了不錯的研究成果。

個人的經驗是，吃素要特別注重多元攝取，蔬菜水果、堅果、穀類、豆類都要吃，特別是蛋白質要攝取足夠。如果都是吃一些炸物，會很不健康。而素食除了降低泌尿道感染風險外，對於痛風、腦中風、心血管疾病等，也都有保護效果。

與大家分享我的生活理念——素食疾病少，健康沒煩惱；茹素護生勤造福，共善愛灑信願行。

營養師這樣說

　　根據臺灣泌尿科醫學會指出，泌尿道感染是指腎臟、輸尿管、膀胱、尿道等器官受到微生物侵犯，因而產生各種症狀；上述器官組成的泌尿系統主要負責將體內的多餘水分與代謝廢物排出體外，還有電解質平衡、血壓控制等。

　　而發生的高危險群包含婦女、孩童、老年人、長期臥床，或是患有先天性泌尿道疾病、泌尿道結石、腎臟病、糖尿病，或經常有憋尿及便祕行為的族群。

　　在預防泌尿道感染除了個人的衛生保健、多上廁所不憋尿，營養方面最重要的就是多喝水、多吃高纖維蔬菜減少便祕，而控制好三高（高血糖、高血壓、高血脂）也是保護腎臟的重要條件。

　　許多國內外的文獻提到蔓越莓、維生素 C、益生菌等對於泌尿道感染的預防效果，像是蔓越莓的果子含有前花青素，能減少大腸桿菌引起的單純泌尿道感染，但許多市售產品會添加大量精緻糖可能不適合糖尿病族群選擇。而蔬菜水果中富含的維生素 C（Vitamin C）及植化素（例如含硫化合物、花青素等）可以增加抗氧化能力，協助身體對抗感染加速復原。

　　另外益生菌（Probiotics）可以維持腸道菌叢的平衡，不僅改善便祕幫助消化，還能提高免疫力及預防感染，最常見的益生菌之一乳酸菌也能減少陰道發炎及尿道發炎。最簡單的保健方式是增加日常飲水量，就可以減少尿液中的細菌量。

一般民眾每天飲水的建議攝取量

體重（公斤）乘以 **30 ～ 35** 倍

例如　體重 70 公斤，每天建議喝水約
70 × **30** = 2100 ～ 70 × **35** = 2450

體重 70 公斤的人，每天應喝 2,100 ～ 2,450 毫升的水。

　　本篇主題中營養師特別針對泌尿道感染設計四道食譜，包含素干貝青醬義大利麵、彩椒鑲蛋、義式蔬菜燉湯、優格提拉米蘇。

▲ 素干貝青醬義大利麵（詳見第 135 頁）

▲ 彩椒鑲蛋（詳見第 137 頁）

▲ 義式蔬菜燉湯（詳見第 139 頁）　　　　▲ 優格提拉米蘇（詳見第 139 頁）

　　除了針對上述提到的抗氧化營養素（植化素、維生素 C）、益生菌（乳酸菌），也增加蔬菜的使用量放入主菜及燉湯中提高膳食纖維的攝取量。

抗氧化食物　　　　　　　**益生菌食物**

▲ 花椰菜　　　　▲ 甜椒　　　　▲ 杏鮑菇　　　　▲ 優格

營養成分分析　每一份量 300 克，本食譜含 4 份

熱量 （大卡）	蛋白質 （克）	脂肪 （克）	飽和脂肪 （克）	碳水化合物 （克）	糖 （克）	鈉 （毫克）	膳食纖維 （克）
480.4	16.8	18.6	3.4	66.6	3.0	262	5.3

素干貝青醬義大利麵

烹調時間 | 25 分鐘

花椰菜富含的維生素 C 及天然植化素之一蘿蔔硫素（sulforaphane）具有抗氧化功能，可以幫助人體對抗感染加速復原，其最佳營養素保留方式，包含短時間汆燙、清蒸及快炒等方式。另外此道主食中放入大量蔬菜可以提高膳食纖維攝取之外，也選擇堅果來源——核桃替代部分油脂來源增加食物風味及營養素，以及仿真干貝——煎杏鮑菇增添一些食物烹調樂趣。

青醬材料

九層塔	75 克
熟核桃	35 克
橄欖油	40 克
鹽	1/4 茶匙
黑胡椒粉	1/4 茶匙
檸檬汁	10 克
帕瑪森起司粉	15 克

食材

直筒義大利麵	320 克
花椰菜	1 朵 300 克
杏鮑菇	150 克
黑胡椒鹽	（依個人喜好添加）

作法

1 將青醬所有的食材放入容器中，取均質機全部攪打均勻，即成青醬。

2 將花椰菜洗淨，去除硬皮，切成小朵，放入熱水中汆燙至軟化；杏鮑菇切成圓片狀，以平底鍋乾煎至上色，最後撒上黑胡椒鹽調味，即成素干貝。

3 準備一鍋熱水，放入義大利麵，以中大火煮約 8～10 分鐘至熟，撈起。

4 取平底鍋，放入義大利麵，再倒入青醬，轉小火拌炒約 3 分鐘，可依個人喜好添加適量的熱水（約 100 毫升）調整醬汁濃稠度煮至完成，盛入到大盤中，放入花椰菜、素干貝，即可食用。

彩椒鑲蛋

烹調時間 | 30 分鐘

這道菜運用烘烤的技巧減少油脂的使用，同時保留食物的原味。在營養價值方面每 100 公克的紅皮甜椒富含維生素 C 高達 137 毫克，足足超過國人維生素 C 每日平均建議攝取量 100 毫克，而紅皮的甜椒也明顯較黃皮甜椒或青椒來得更高。每日攝取足夠的維生素 C 可以幫助人體維持抗氧化能力，提高免疫力預防感染。

材料

馬鈴薯（小型一顆）⋯⋯⋯	150 克
紅甜椒 2 顆 ⋯⋯⋯	400 克
雞蛋 4 顆 ⋯⋯⋯	240 克

調味料

橄欖油 ⋯⋯⋯	1/2 茶匙
普羅旺斯香草鹽 ⋯⋯⋯	1/4 茶匙
鹽 ⋯⋯⋯	1/4 茶匙
黑胡椒粒 ⋯⋯⋯	1/8 茶匙

作法

1 烤箱預熱 200 度。

2 製作馬鈴薯泥：馬鈴薯去皮，切成丁，放入湯鍋中煮至熟（筷子可戳洞程度），撈出，趁熱壓成泥，然後加入全部的調味料拌勻。

3 紅甜椒洗淨，切對半，去籽，保留蒂頭部分（每顆甜椒可做成兩片）。

4 組合及烘烤：用湯匙挖適量的馬鈴薯泥，鋪在每片甜椒內（每片約 25 克），擺上烤盤上，每片上方打入一顆雞蛋，移入烤箱，以上下火 200 度烘烤約 15～20 分至雞蛋烤熟，即可取出食用。

營養成分分析 每一份量 180 克，本食譜含 4 份

熱量（大卡）	蛋白質（克）	脂肪（克）	飽和脂肪（克）	碳水化合物（克）	糖（克）	鈉（毫克）	維生素 C（毫克）
133.2	8.6	6.0	1.8	12.8	0.1	250	134.2

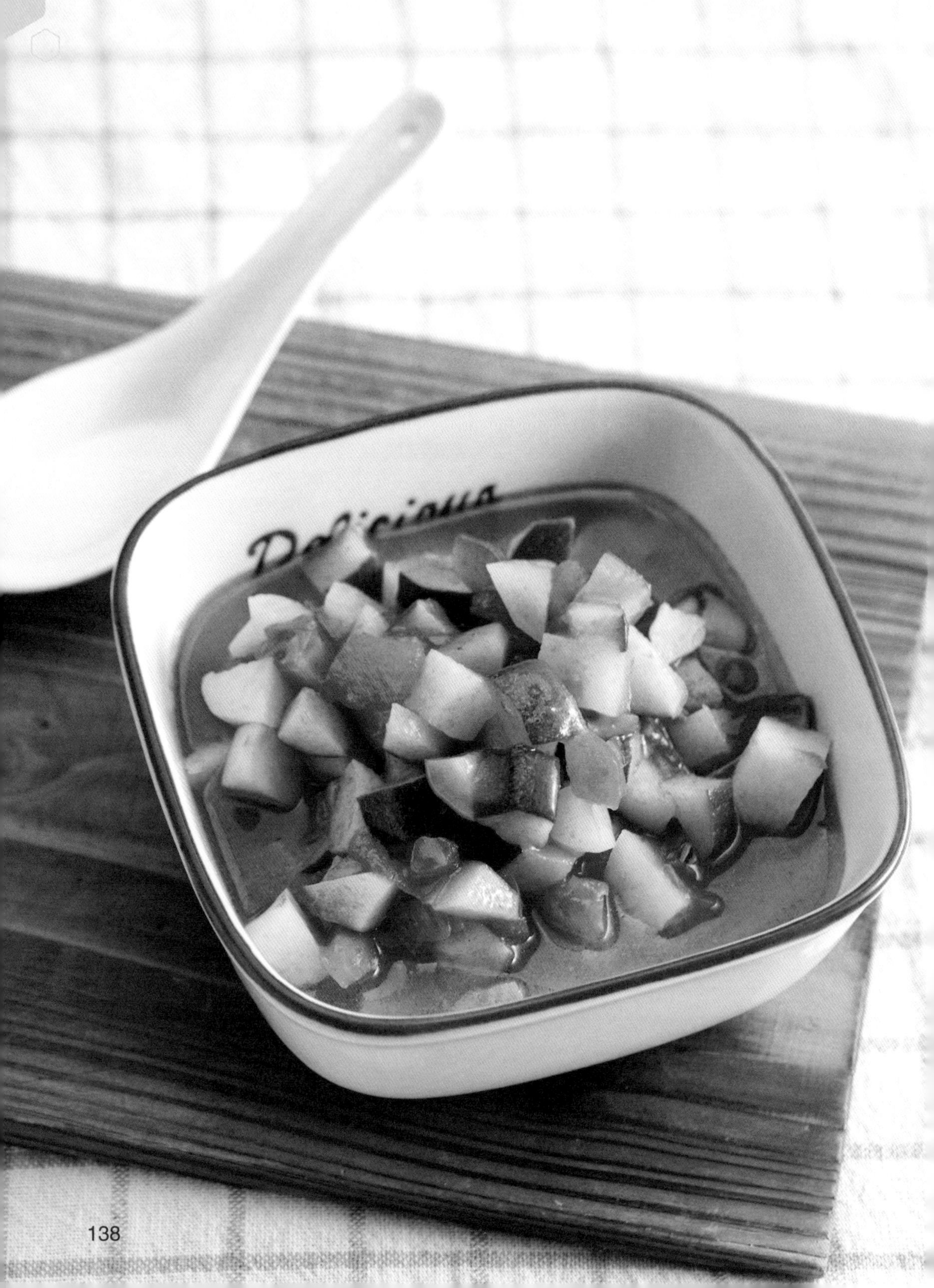
Delicious

義式蔬菜燉湯

烹調時間｜35 分鐘

不同顏色的食材代表著不同的天然植化素及功能，例如番茄中的茄紅素及高麗菜所含的硫化合物，皆具有抗氧化能力，進而預防身體感染。而這道菜藉由天然食材的味道以及香料（義大利香料）、低鈉調味料（番茄醬）的使用，可避免過量攝取市售高湯的鹽分，也能達到保護腎臟及泌尿系統的效果。橄欖油的添加則是為了幫助其中脂溶性營養素（茄紅素）的吸收利用。

材料

綠櫛瓜（1 根）⋯⋯⋯⋯⋯⋯200 克
牛番茄（中型 1 顆）⋯⋯⋯⋯200 克
馬鈴薯（中型 1 顆）⋯⋯⋯⋯200 克
高麗菜⋯⋯⋯⋯⋯⋯⋯⋯⋯200 克
橄欖油⋯⋯⋯⋯⋯2 茶匙（10 克）
水⋯⋯⋯⋯⋯⋯⋯⋯⋯1000 毫升

調味料

番茄醬⋯⋯⋯⋯⋯⋯⋯⋯⋯2 茶匙
鹽⋯⋯⋯⋯⋯⋯⋯⋯⋯1/4 茶匙
白胡椒粉⋯⋯⋯⋯⋯⋯⋯1/4 茶匙
義大利香料⋯⋯⋯1/2 茶匙（可不加）

作法

1 先將綠櫛瓜、牛番茄、馬鈴薯（削皮）前處理完成後，切成丁（喜歡有口感可以切大塊一點）；高麗菜洗淨，切成小片狀。

2 取一深鍋中，倒入橄欖油、全部的食材，以中火拌炒約 3 ～ 5 分鐘，倒入熱水 1 公升以大火煮沸，再轉成小火。

3 放入全部的調味料，蓋上鍋蓋，燉煮約 30 分鐘至食材軟爛，即可食用。

營養成分分析　每一份量 420 克，本食譜含 4 份

熱量 （大卡）	蛋白質 （克）	脂肪 （克）	飽和脂肪 （克）	碳水化合物 （克）	糖 （克）	鈉 （毫克）	膳食纖維 （克）
89.0	3.5	2.8	0.4	14.5	1.1	136.4	2.4

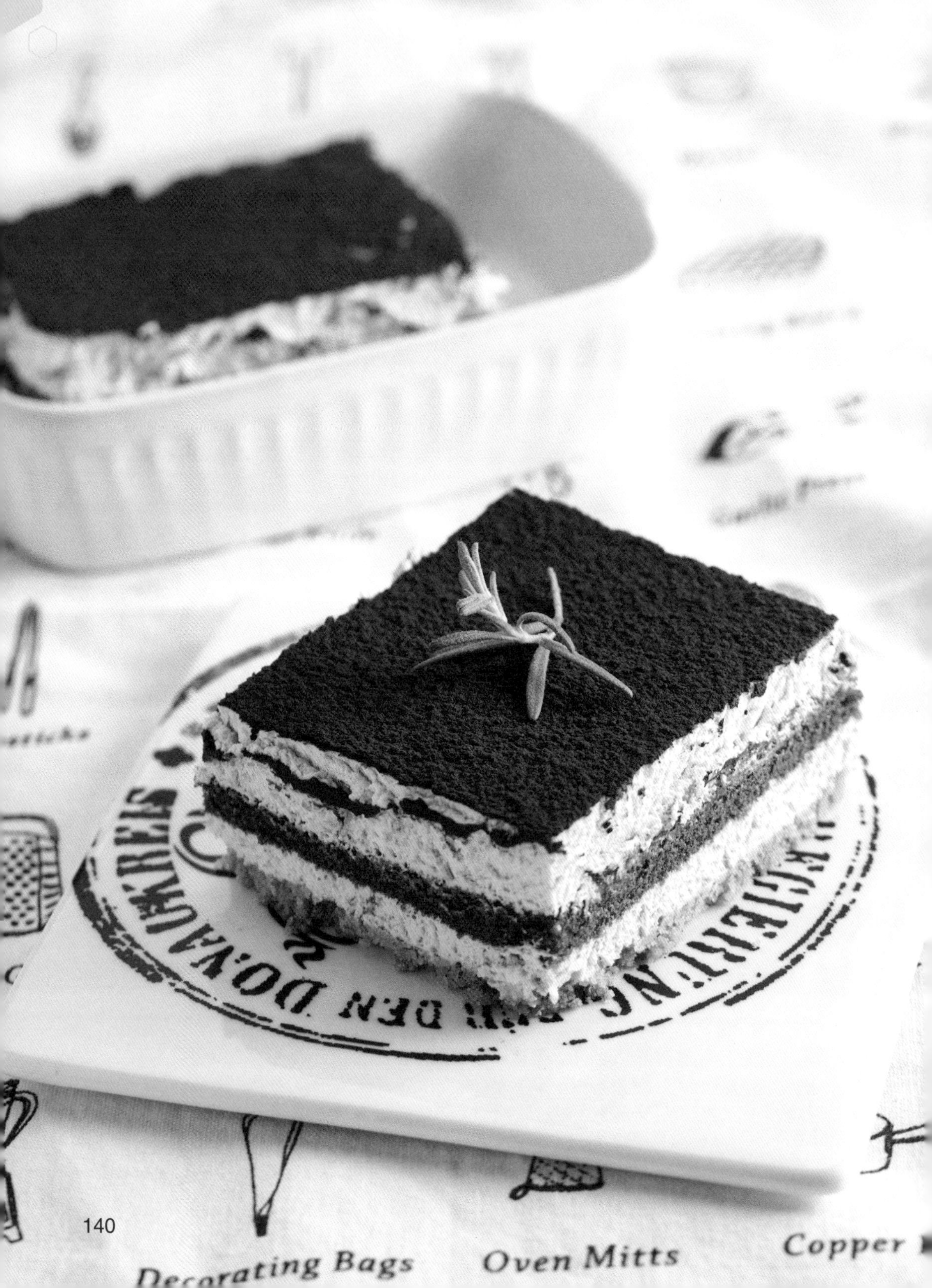
Decorating Bags
Oven Mitts
Copper

点心

優格提拉米蘇

烹調時間｜ 15 分鐘

一般市售提拉米蘇通常油脂與精製糖較多，對人體負擔較大，此道食譜的設計目的是簡單製作又能滿足味蕾的甜品，利用核桃替代高油餅乾的使用、優格替代奶油乳酪等。而優格這類發酵乳製品富含的天然益生菌——乳酸菌，能夠減少陰道發炎及尿道發炎的風險，藉由補充益生菌可以幫助改善腸道菌叢，進而強化身體的免疫力。

材料

熟核桃	50 克	無糖希臘優格	200 克
楓糖	10 克	無糖可可粉	適量

作法

1 製作餅乾底：先將核桃放入調理機打成碎粒，再與楓糖攪拌，鋪在乾淨容器的底層壓平。

2 內餡層：鋪上適量的希臘優格（如果喜歡甜味者，可選擇含糖優格或放入香蕉丁）。

3 裝飾：取一個篩網，倒入可可粉，再撒在上層完成裝飾即可食用。

營養成分分析　每一份量 165 克，本食譜含 2 份

熱量 （大卡）	蛋白質 （克）	脂肪 （克）	飽和脂肪 （克）	碳水化合物 （克）	糖 （克）	鈉 （毫克）
275.8	7.1	20.4	3.9	20.0	12.7	70.2

7. 白內障

[研究論文] 素食飲食有較低的白內障風險，特別是過重族群：前瞻式研究

A vegetarian diet is associated with a lower risk of
cataract, particularly among individuals
with overweight: a Prospective Study

資料庫 TCHS 慈濟健康世代研究資料庫 & 連結健保資料庫

作者群 邱雪婷（輔仁大學營養科學系副教授、台灣素食營養學會祕書長）、
張嘉珍（時任醫療法人統計諮詢師）、林名男（大林慈濟醫院副院長）、
林俊龍（慈濟醫療財團法人執行長）

登載期刊／年分 Journal of the Academy of Nutrition and
Dietetics《營養與飲食學會學報》／ 2020 年

文獻位址 J Acad Nutr Diet. 2021 Apr;121（4）:669-677.e1.
doi: 10.1016/j.jand.2020.11.003. Epub 2020 Dec 11.

【論文摘要中譯】

背景 白內障是因眼睛的水晶體混濁造成，植物
性飲食模式可能包含多種保護性抗氧化劑。但
是，嚴格素食者（純素飲食）如果維生素 B12
攝入量不足，會導致高半胱氨酸水平升高，這
可能會增加皮質性白內障的風險。在白內障的
病程中，素食的益處是否大於其風險，值得進一步研究。

目的 我們的目的是研究臺灣的素食飲食與和白內障
的前瞻式研究。

研究設計 這是一項前瞻式世代研究。

參與者 從「慈濟健康世代研究資料庫」（2007 年至 2009 年在大林慈濟醫院募集的 6,002 名參與者），以驗證過的食物頻率問卷進行飲食型態分類。

針對其中 40 歲以上且無白內障的人（3,095 名非素食者和 1,341 名素食者）追蹤，直到 2014 年底，排除死亡或已有白內障者。

主要評估工具 利用與健保資料庫連結，確認罹患白內障的病例（（國際疾病分類，第 9 版，臨床修改代碼 366）。

統計分析以年齡為基礎的 Cox 比例風險迴歸，來評估飲食習慣與白內障風險之間的關聯，同時對潛在的干擾因素進行調整。

結果 與非素食者相比，素食者攝取較大量的大豆、蔬菜、堅果、全穀類、膳食纖維、維生素 C、葉酸和維生素 A。在追蹤 25,103 人年，發現了 476 例白內障。

在調整（校正）了性別、教育、抽菸、飲酒、體育活動、慈濟志工身分、高血壓、糖尿病、高脂血症、皮質類固醇處方和ＢＭＩ（以 kg / m2 計算）後，素食者的白內障風險降低了 20%（風險比 HR：0.80，95% CI 為 0.65 至 0.99；P = 0.04）。

素食與白內障風險的關聯性在體重過重的個案（臺灣定義為 BMI=24 以上）更為明顯 [風險比 HR：0.70，95% CI 為 0.50 至 0.99；P = 0.04]。

 結論 素食飲食與白內障風險降低有關，特別是體重過重者。

營養師這樣說

　　白內障是一種退化、老化的眼部疾病。如果想透過飲食來預防的話，該怎麼吃呢？我們可以先簡單了解白內障的成因。

　　原來白內障是因為人體老化後水晶體會慢慢發生硬化、混濁而漸造成視力的障礙。另外一種白內障是因為外力造成的視力損傷。要延緩老化我們可以透過攝取食物中的抗氧化物，例如維生素 A、C、E、硒、魚油等。

維生素 A、C、E、硒食物

▲ 胡蘿蔔　　　　▲ 彩椒　　　　▲ 南瓜子　　　　▲ 南瓜

　　最為常見並廣泛存在食物中的抗氧化劑為維生素 A、C、E 及其中最功不可沒的元素——植化素。而植物性食物中所內含的植化素，各種不同的植化素對人體有不同的功能，如：抗氧化物質、可清除自由基、活化免疫功能、增強免疫力等益處。對治療與預防慢性疾病，如高血壓、糖尿病、肥胖症、骨質疏鬆、心血管病皆有幫助。

　　常見的植化素為花青素、茄紅素、兒茶素、類胡蘿蔔素。如：甘藍、青花菜、花椰菜、番茄、南瓜、紫米、糙米、藜麥、甜椒。

植化素食物

▲ 甘藍

▲ 番茄

▲ 紫米

▲ 藜麥

吸收率與烹調方式有相當的關連性，像脂溶性維生素 A、E 可以透過與健康油脂一起烹調（如：炒、煎等）達到最好的吸收率。

食譜中的食材皆含有豐富的維生素及植化素，除了白內障之外還可以預防其他慢性疾病。

▲ 藜麥本丸（詳見第 147 頁）

▲ 蒜香奶油野菇烤甜椒（詳見第 149 頁）

▲ 護眼濃湯（詳見第 151 頁）

▲ 堅果南瓜親子球（詳見第 153 頁）

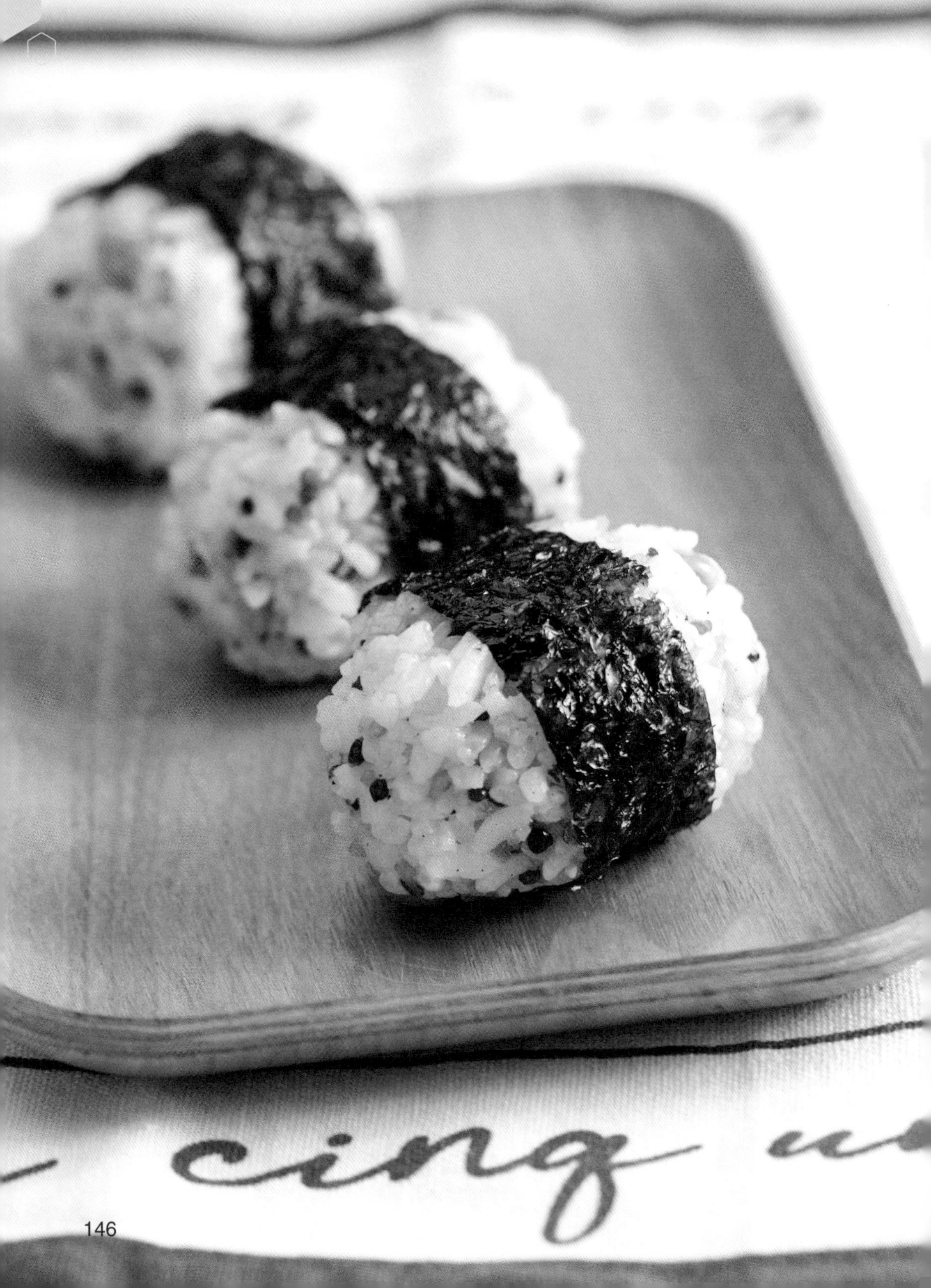
cing

藜麥本丸

烹調時間｜50 分鐘

根據衛福部每日飲食指南建議，主食類也就是全穀雜糧類需要至少 1/3 為未精緻穀物。藜麥原為南美洲的主食，屬於未精緻的全穀雜糧類。其營養價值高，所含的營養素包括：維生素 E、維生素 B1、葉酸、鐵質、鈣質、銅、鎂、錳、磷、鉀、鋅等礦物質。雖然叫做藜麥，但不含麩質，如果對麩質過敏或是麩質不耐者也是一個良好的穀物選擇，且此道搭配內餡猴頭菇，可以增加纖維素攝取。

材料

藜麥	30 克
白米	170 克
	（約標準量杯 1 杯）
猴頭菇	30 克
海苔	1 片（約 3 克）
熟毛豆仁	25 克

調味料

橄欖油	3 克
麻油	3 克
鹽	1 克

作法

1 猴頭菇、藜麥分別清洗，並分開泡水，約 30 分鐘。

2 白米洗淨，加入泡好的藜麥，移入電鍋中蒸煮至熟，取出。

3 取炒鍋，倒入橄欖油及麻油（1：1），放入猴頭菇、毛豆仁拌炒均勻，再加鹽調味。

4 取適量米飯，放入炒好的猴頭菇，再捏成喜好形狀，外層包裹海苔片，即可食用。

營養成分分析　每一份量 40 克，本食譜含 10 份

熱量 （大卡）	蛋白質 （克）	脂肪 （克）	飽和脂肪 （克）	碳水化合物 （克）	糖 （克）	鈉 （毫克）	維生素 A （IU）
82	2	1	0.2	15.9	0	360	102.2

配菜

蒜香奶油野菇烤甜椒 烹調時間｜10 ～ 15 分鐘

此道料理採用的紅甜椒、黃甜椒，含有豐富維生素 C、維生素 A、纖維素及鈣、磷、鐵、鎂、鉀、鈉、鋅等，並含有豐富的植化素：β - 胡蘿蔔素。在烹調的過程中，加入油脂烹調可以增加脂溶性維生素的釋放及吸收。許多人非常懼怕彩椒的味道。但在經過烹烤過後，甜椒的味道轉為較甘甜會相較沒有太重的味道，且搭配四季豆可以增加視覺的豐富度。

材料

紅甜椒 ·················· 1 顆（約 250 克）
黃甜椒 ·················· 1 顆（約 250 克）
鴻喜菇 ························· 100 克
四季豆 ·························· 約 150 克
大蒜 ····················· 3 瓣（約 10 克）

調味料

奶油 ···························· 15 克
黑胡椒 ··························· 5 克
海鹽 ···························· 5 克

作法

1 將全部的食材分別洗淨，切為方便入口的大小，接著將烤箱預熱至 200 度。

2 取平底鍋放入奶油，以小火熱鍋，加入大蒜末拌炒至有香味。

3 取烤盤，底部鋪上一張烘焙紙，均勻擺入全部的蔬菜，撒入黑胡椒、海鹽，再淋上炒好的奶油大蒜末。

4 移入烤箱中，烘烤約 10 分鐘，即可取出食用。

營養成分分析　每一份量 200 克，本食譜含 4 份

熱量 （大卡）	蛋白質 （克）	脂肪 （克）	飽和脂肪 （克）	碳水化合物 （克）	糖 （克）	鈉 （毫克）	維生素 A （IU）
82.5	2.7	3.5	1.7	13.1	1.1	466.8	1283.75

護眼濃湯

烹調時間｜ 40 〜 50 分鐘

胡蘿蔔中富含 β- 胡蘿蔔素，可在人體內轉換成維生素 A，確實有效
幫助維持視力健康之外，並具有抗氧化、清除自由基的防癌、抗老等
各種健康的好處，且還能降低黃斑部病變。除了 β- 胡蘿蔔素還有纖
維素，以及鈣、磷、鐵、菸鹼酸和草酸等礦物質，可以修護和鞏固細
胞膜。胡蘿蔔透過油炒，可以提高脂溶性維生素的吸收率。

材料

胡蘿蔔·····················80 克
豌豆·····················35 克
馬鈴薯···················150 克
芹菜葉·····················2 克
牛奶·····················50CC
　　（全脂奶粉 15g 加水 35CC 沖泡）

調味料

鹽·······················2 克
芥花油···················2 茶匙

作法

1　胡蘿蔔洗淨，削皮，切片；豌豆、馬鈴薯洗淨，去皮，切片，煮至熟透，
　　撈起，備用。

2　取一炒鍋倒入芥花油，放入胡蘿蔔炒熟，加入鹽拌炒至胡蘿蔔呈粉橘色。

3　倒入熱水 300CC，以中大火煮沸（可依喜好添加水量調整濃度），與豌豆、
　　馬鈴薯一起放入食物處理機中攪打至泥狀。

4　盛入湯碗，撒上芹菜葉與牛奶拌勻（全素可以用植物奶取代），即可食用。

營養成分分析　每一份量 450 克，本食譜含 1 份

熱量 （大卡）	蛋白質 （克）	脂肪 （克）	飽和脂肪 （克）	碳水化合物 （克）	糖 （克）	鈉 （毫克）	維生素 A （IU）
325	10.8	12.9	3.7	42	11	807	9469

堅果南瓜親子球

烹調時間 │ 45 分鐘

南瓜為全穀根莖類，不屬於蔬菜類，但與大部分的蔬菜一樣有豐富的植化素及纖維素。南瓜果肉富含豐富 β- 胡蘿蔔素、維生素 A、C 和 E，可以增強免疫力，中和自由基，阻止自由基傷害細胞，進而達到抗氧化作用。此外，南瓜子也是多元不飽和脂肪酸和礦物質，維生素 A、B、E、β- 胡蘿蔔素等的良好來源，此道改良傳統點心作法，希望給只有電鍋的族群也能輕鬆做點心。

材料

南瓜 ························· 200 克

熟南瓜子 ···················· 50 克

白長糯 ······················ 80 克

調味料

二砂糖 ······················· 5 克

糖粉 ························· 10 克

芥花油 ······················ 15 克

作法

1 先將南瓜洗淨，去除硬皮切塊，放置電鍋中蒸熟，取出，壓碎成泥，放涼，並加入二砂糖，與油拌勻備用。

2 糯米洗淨泡乾淨水半小時後瀝乾備用。

3 南瓜泥，分 20g 小球（約 50 元硬幣半徑大小），搓圓後沾滿糯米，放在蒸布或防沾饅頭紙，間隔 2 ～ 3 公分排入電鍋。

4 以電鍋或蒸籠轉中火蒸糯米南瓜球約 15 ～ 20 分鐘，至糯米熟透，起鍋後趁熱沾取或插上南瓜子，撒適量糖粉，即可食用。

營養成分分析　每一份量 30 克，本食譜含 10 份

熱量 （大卡）	蛋白質 （克）	脂肪 （克）	飽和脂肪 （克）	碳水化合物 （克）	糖 （克）	鈉 （毫克）	β- 胡蘿蔔素 （微克）
84	3.2	5	0.6	11	1.5	10	455

正確知識當基礎，恆持蔬食並不難

常佑康　台北慈濟醫院放射腫瘤科醫師

　　不知不覺已經開始茹素十二年，感恩參與了台灣素食營養學會，以及台北慈濟醫院的營養師們的分享，每次在衛教新的癌症病人如何高蛋白、高熱量飲食時，我都會很有信心地告訴病人不是只有大魚大肉、奶類、蛋才是高蛋白，包括黃豆類、毛豆、鷹嘴豆（雪蓮子）、腰果、藜麥等，正確而均衡的飲食也可以幫助癌症病人順利度過治療期。

　　癌症病人也常有缺鐵和缺鈣的問題，用植物性飲食可以輕易解決，發現問題後，我在診間準備的專用衛教單張可以隨時派上用場。

　　癌症病人在療程結束後常會問如何避免復發？

　　我們知道攝取紅肉、加工肉品、動物性脂肪與多種癌症有相關性，而**蔬食中的豐富植化素、高纖維、各種維他命、微量元素等，正是預防癌症的必需品，答案就很明顯了**。

　　癌症病人常有一些似是而非的觀念，如不能吃甜食，然而所有的澱粉類主食其實都是糖，應該是減少精緻糖的攝取，適量攝取紅糖及黑糖才對。

▲ 黑糖

另一個關於黃豆製品含有大豆異黃酮，因此乳癌及子宮內膜癌患者不可以吃的迷思也很常見，我會告訴病人，依據專業營養師的建議，<u>**其實一天三份黃豆製品是很安全的**</u>，甚至也有大型人體研究報告指出，黃豆製品有減少腫瘤復發的效果，因為低濃度的大豆異黃酮會與體內的賀爾蒙競爭其接受器，減少賀爾蒙對細胞的作用。

五年前開始投入推廣「病人自主權利法」，鼓勵民眾以細心手工餵食，取代不舒適且生活品質低落的鼻胃管灌食，感恩台北慈濟醫院的營養師們整理出細心手工餵食的技巧以及半流質、全流質素食配方[※註]，得到很多家有高齡衰弱老人民眾的肯定，因為坊間的食譜多是葷食為主。

感恩家人們從尊重我的蔬食選擇，到兩年前因緣成熟，太太也決定加入茹素行列，她開始在家裡想辦法變出各種蔬食；認識的志工師姊們有的傳授料理祕訣，或是直接供應蔬食料理；外食時挑選有口碑的蔬食餐廳，用美味又營養的蔬食慢慢讓孩子們適應。

最近也發現蔬食搭配足夠的運動、流汗，對健康好處多多，開始勤走路、走步道、爬樓梯、學打羽毛球，希望能當個蔬食健康模範生。適當的時候，我也會告訴病人自己已經茹素，希望可以鼓勵病人茹素。

從開始茹素到現在，自然而然已經不想碰葷食，而為了讓家人放心，自己當然要更注意正確蔬食飲食原則，因此我開始盡量減少奶、蛋製品，會注意避免精緻澱粉，盡量用五穀飯、糙米飯取代白飯；用全麥或雜糧麵包取代白麵粉、偏甜偏油的麵包。

盡量不碰常見的甜滋滋手搖飲，改喝無糖飲料或茶、黑咖啡，以減少精製糖的攝取。減少吃甜餅乾或點心，改吃比較健康的堅果。

▲ 堅果

除了基本的綠色蔬菜，也會輪流吃其他顏色的蔬菜，茄子、甜椒，補鈣的九層塔、紫菜、海藻、黑芝麻、木耳等。

▲ 九層塔

剛開始茹素，葷食的香味會有吸引力，我發現用餐的環境和一起用餐的人很重要，很感恩家人們成就了我的茹素。感恩臺灣素食營養學會以及台北慈濟醫院的營養師們，因為正確的營養學知識是健康茹素的必備基礎，也才能幫助病人養成健康的飲食習慣，從源頭預防疾病。

▲ 紫菜

對現在的我而言，前段提到的不健康蔬食比葷食的誘惑力更大，必須多吸收正確的知識和健康飲食原則，自我提醒多多用心於小細節，就會發現恆持蔬食並不難。

▲ 木耳

註：台北慈濟醫院，特色醫療，特殊照護門診，預立醫療諮商門診，細心手工餵食衛教單張。網址：https://taipei.tzuchi.com.tw/wp-content/uploads/2020/06/123132-1.pdf

8. 憂鬱症

[研究論文] 臺灣的素食飲食與憂鬱症風險降低有關
Vegetarian diet is associated with lower risk of depression in Taiwan

作者群 沈裕智（花蓮慈濟醫院精神醫學部主任）、張巧兒（臺灣大學公共衛生學院流行病學與預防醫學研究所）、林名男（大林慈濟醫院副院長）、 林俊龍（慈濟醫療財團法人執行長）

資料庫 TCVS 慈濟素食研究資料庫＆連結健保資料庫

登載期刊／年分 Nutrients《營養素》／ 2021 年

文獻位址 Nutrients 2021,13, 1059. doi: 10.3390/nu13041059

【論文摘要中譯】

為了確定臺灣的素食者是否可以減少憂鬱症的風險，我們分析了「慈濟素食研究資料庫」的資料。此研究是一項前瞻式世代研究，自 2005 年募集臺灣的佛教慈濟基金會志工及家屬、會員等 1,2062 名參與者，並與健保資料庫（NHIRD）連結，透過 Cox 比例風險迴歸統計法，計算素食者和非素食者之間的憂鬱症的風險比率。飲食攝取評估則是利用詳細的食物頻率問卷（FFQ）。憂鬱症的認定是由與健保資料庫連結確認，共分析了包括 3,571 名素食者和 7,006 名非素食者。

與非素食者相比，素食者的憂鬱症發生率較低（每 10,000 人年 2.37 比 3.21；調整後的風險比（aHR）：0.70；95％信賴區間（95％ CI）：0.52-0.93）。

因此，與非素食者相比，臺灣的素食者發生憂鬱症的風險較低。這表明飲食可能是預防憂鬱症的重要措施。但是，要推廣到全球，還需要進一步研究。

營養師這樣說

可以幫助情緒穩定遠離憂鬱的營養建議：

蛋白質要充足

胺基酸為神經傳導物最主要的材料，而胺基酸可以從富含蛋白質的食物來源來補充及獲得，素食者中的蛋白質主要來源為豆類及豆製品，黃豆及以黃豆為主食材的豆腐、豆干、豆皮等，都是不錯的搭配及選擇。

色胺酸

色胺酸為血清素主要來源，血清素是一種神經傳導物質，當特定腦部區域的血清素代謝速度過快或合成量減少時就有可能引發憂鬱情緒。富含色胺酸的食材如：酪梨、腰果、黃豆、牛奶等。

▲ 黃豆

▲ 豆皮

▲ 酪梨

▲ 腰果

▲ 酪梨皮塔餅（詳見第 161 頁）

▲ 金沙豌豆（詳見第 163 頁）

▲ 元氣蔬菜湯（詳見第 165 頁）

▲ 香蕉莓果奶昔（詳見第 167 頁）

建議民眾均衡攝取六大類食物，建立良好生活習慣，養成規律運動，多走至戶外晒晒太陽，讓自己保持著愉悅的心情，減少食用高糖及高油食物，使憂鬱遠離。

全穀

酪梨皮塔餅

烹調時間 | 20 分鐘

鬱悶的心情有可能是因為不飽和脂肪酸濃度太低造成的！而酪梨中含有豐富的不飽和脂肪酸，有助於改善身心平衡。因酪梨本身含豐富的不飽和脂肪酸，經高溫烹調較容易變質，建議以低溫料理為主。此道料理以酪梨為主題搭配上酸甜的牛番茄，及富含蛋白質的雞蛋包入餅皮中，經少許調味後，讓此道料理保有食物本身原有的風味外，吃起來也有著不同的層次感，不妨可以嘗試看看。

材料

Pita 餅皮	1 張
酪梨	50 克
牛番茄	50 克
雞蛋	1 顆

調味料

鹽	0.5 克
孜然粉	適量
黑胡椒粒	適量

作法

1 雞蛋沖淨，放入滾水中，以中小火煮約 5 分鐘，放涼（或冷水浸泡 3 分鐘），剝除蛋殼，備用。

2 酪梨、牛番茄、水煮蛋分別切丁，加入鹽、孜然粉及黑胡椒粒攪拌至均勻，即成餡料。

3 取平底鍋熱鍋，放入 Pita 餅皮，以小火煎至微焦，取出。

4 取適量的作法 2 餡料，包進 Pita 餅皮中，包成手捲狀，即可食用。

營養成分分析　每一份量 150 克，本食譜含 1 份

熱量 （大卡）	蛋白質 （克）	脂肪 （克）	飽和脂肪 （克）	碳水化合物 （克）	糖 （克）	鈉 （毫克）
232	11.1	9.5	2.8	26.5	0	432

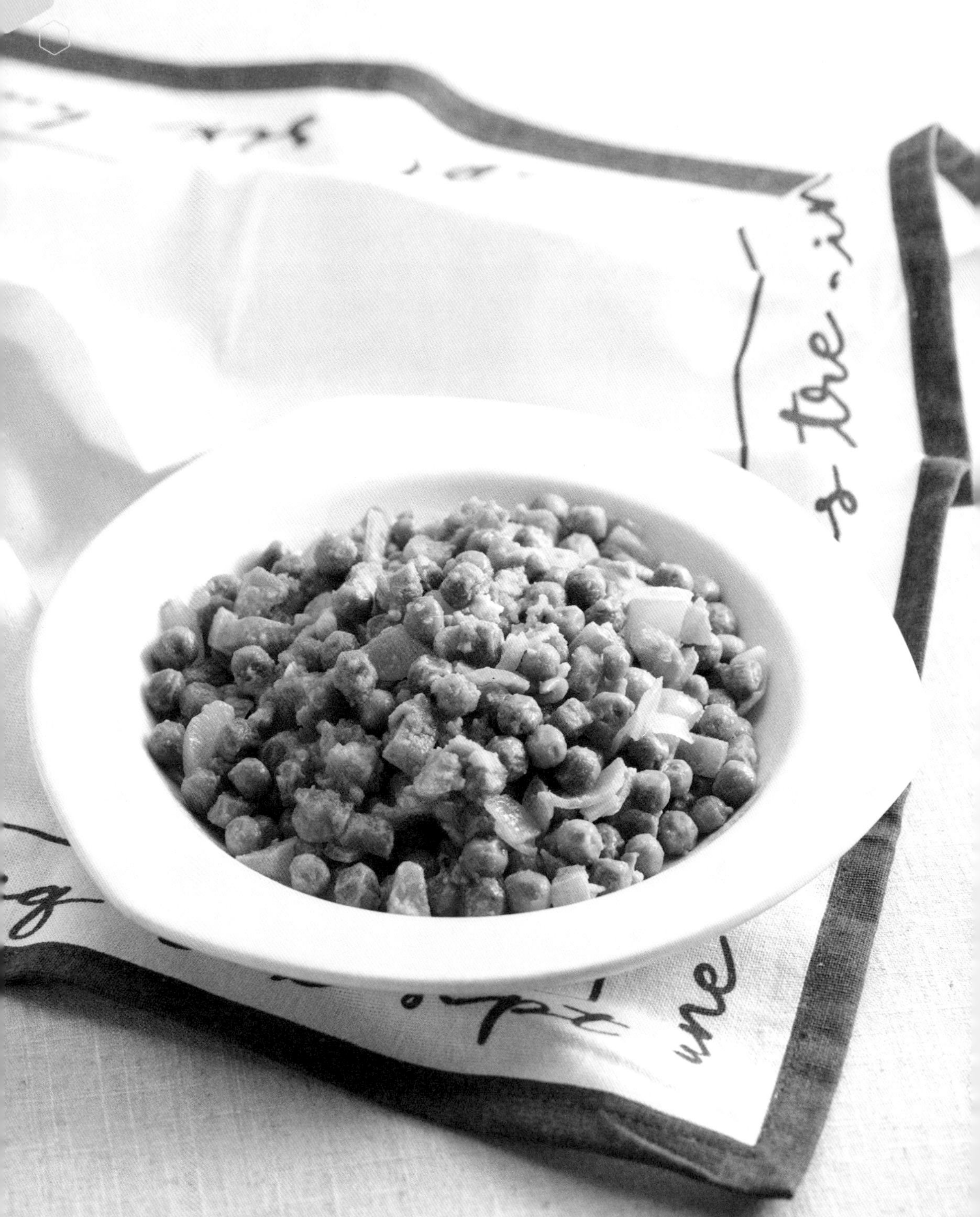

配菜

金沙豌豆

烹調時間 | 10 分鐘

植物豆製品中有色胺酸、酪胺酸、苯丙胺酸、甘胺酸這些在維生素 B 群跟必需脂肪酸的協同作業下，可以讓好心情的血清素製造產生出來，能安定情緒、舒緩身體、避免腦部運作過度。在均衡的植物性飲食下注意足夠蛋白質的攝取是可以讓身心靈都平衡運作，遠離憂鬱。

材料

洋蔥 ·······················1/8 顆（25 克）
　　　　（不吃洋蔥可用白花椰菜取代）
胡蘿蔔 ····························25 克
冷凍豌豆仁 ················ 1 碗（150 克）
鹹蛋黃 ····················· 1 顆（12 克）
橄欖油 ····················· 1 小匙（5CC）

調味料

鹽 ························· 1/4 小匙（1 克）
白胡椒粉 ····························適量

作法

1　洋蔥切小丁；胡蘿蔔去皮，切小丁。

2　冷凍豌豆仁與胡蘿蔔丁一起放入滾水中煮至熟，撈出，備用。

3　取炒鍋，加入少許的橄欖油熱鍋，放入洋蔥拌炒，盛出。

4　轉中火熱鍋，加入鹹蛋黃煮至鹹蛋冒泡後，放入燙熟的豌豆仁、胡蘿蔔、炒香的洋蔥拌勻，加入鹽、白胡椒粉調味，即可食用。

營養成分分析　每一份量 105 克，本食譜含 2 份

熱量 （大卡）	蛋白質 （克）	脂肪 （克）	飽和脂肪 （克）	碳水化合物 （克）	糖 （克）	鈉 （毫克）
102	5.7	3.8	0.8	15.4	0	300

元氣蔬菜湯

烹調時間｜10 分鐘

西洋芹含有豐富的營養素包括鉀、鎂離子及膳食纖維等，其中膳食纖維可以維持腸道的菌相平衡，使腸道分泌調節情緒的神經傳遞物質，有助降低憂鬱症的發生率，其能夠安定情緒及撫平煩躁與壓力。此道湯品中除了西洋芹之外亦加入了胡蘿蔔及金針菇，色彩豐富，也增加品嘗的層次感。食用前滴入香油，增添香氣外，也能釋放出脂溶性維生素。

材料		調味料	
西洋芹	50 克	香油	2 克
胡蘿蔔	10 克	鹽	0.5 克
金針菇	10 克		
老薑片	5 克		

作法

1 西洋芹、胡蘿蔔分別洗淨，切塊；金針菇切小段。

2 取一個湯鍋，倒入水煮沸，加入薑片煮至沸騰，放入適量香油。

3 加入西洋芹、胡蘿蔔煮約 5 分鐘，放入金針菇再次煮至沸騰，加入鹽調味，即可食用。

營養成分分析　每一份量 150 克，本食譜含 1 份

熱量 （大卡）	蛋白質 （克）	脂肪 （克）	飽和脂肪 （克）	碳水化合物 （克）	糖 （克）	鈉 （毫克）	膳食纖維 （克）
33	0.6	2.2	0.4	3.3	0	223	1.5

香蕉莓果奶昔

烹調時間 | 10 分鐘

許多人應該有聽過吃香蕉能讓心情比較愉悅，睡前喝一杯牛奶比較好入睡，主要是因為香蕉含色胺酸。色胺酸為胺基酸的一種，是血清素的前驅物，當血清素濃度增加，會讓人比較放鬆，不只情緒較為穩定，也比較容易入睡。這次我們使用香蕉搭配微酸的藍莓，使其帶有莓果的香氣，也可以使用覆盆莓或蔓越莓等不同種類的莓果來搭配。

材料

香蕉 ·························· 1 條
藍莓 ·························· 20 克
鮮奶 ························ 240CC

作法

1 香蕉洗淨，切片；藍莓洗淨，濾乾水分。

2 將香蕉、藍莓放入果汁機的杯糟內，再倒入鮮奶。

3 按下攪拌鍵，攪打均勻，即可倒入杯中飲用。

營養成分分析　每一份量 320 克，本食譜含 1 份

熱量 （大卡）	蛋白質 （克）	脂肪 （克）	飽和脂肪 （克）	碳水化合物 （克）	糖 （克）	鈉 （毫克）	膳食纖維 （克）
236	8.5	8.1	0.04	35	0	120	2

安全又舒心的飲食方式

陳慶元　台中慈濟醫院核子醫學科主任

　　台中慈濟醫院 2007 年啟業我就加入，從那時候開始吃素。因為加入慈濟，開始參加慈濟的活動，與志工相處，聽證嚴上人開示，也不知道為什麼，在吃魚吃肉的時候心裡就有一種捨不得的感覺，剛好太太也提起：「那我們要不要就從現在開始素食？」轉眼吃素也十六年了。

　　素食之後，發現有很多好處，在食物上的選擇一樣非常的多，會留意植物的營養成分，發現植物裡面的營養素是很齊全的，不用擔心說我們要補什麼營養。

　　吃素之後，身體感覺上可以維持比較好的體能，還有好的心情。而且就食品安全的角度來看，素食相對安全，也比較安心；因為覺得吃動物的肉，心裡有點愧疚，我們自己都不想讓人家咬一口，動物還要被人類吃身上的肉。吃素，我就不會有那種虧欠感，所以吃素很快樂。

　　我們家的孩子也一起吃素，一家人都吃素，也會互相分享。如果家裡不方便煮的時候，去外地也可以找到很好吃的素食。

　　難免有一些不方便的時候，我們就會自己準備好再帶出去，或是帶一些很簡單調理就可以吃又不失營養的香積飯、堅果，採購當地的新鮮蔬菜，準備一些蛋白質豐富的黃豆粉，維持短時間不方便的營養均衡。

　　我經常在做檢查或者是看門診的時候，或者是我的朋友，我都儘

量跟他們說：「你吃的東西一定要健康。」尤其已經生病的人，因為來做檢查，很多都已經有心臟血管疾病或是慢性疾病甚至有癌症，我就會跟他說：「你要素食。」我的病人有很多因為聽我建議改為吃素，身體變得比較輕鬆，然後本來有一些病可能擔心會營養不良，其實不會。我也建議他隨時都可以來監控一下，到底吃的東西是不是真的是不營養的。其實很多人也是因為這樣子受益了。

尤其一些像心血管疾病、代謝症候群的病人，改吃素食，對他來講是幫忙最大的，不但體重變輕，人也變得很輕鬆，有一些排便不順暢的人，吃了健康的素食以後，排便的情況就會改善。當然有人會擔心吃素會不會營養不足，或是容易缺鐵缺鈣、貧血、蛋白質不夠，其實真的不會。

要保持健康，只要養成四個好習慣：吃得好，睡得好，多運動，多喝水。再加上定期健康檢查，抽血、尿液、糞便檢查，照 X 光、做胃鏡，掌握自己身體有哪些器官是不是有問題。因為我們身體的器官很厲害，即使生病也可以正常運轉一段時間，甚至有其他器官組織會變得強大來補足那些生病的地方，讓你沒感覺自己生病了，而很容易忽略，所以健康檢查是很重要的，可以早期發現，包括營養攝取足夠與否。

隨著年齡漸長，或是有些體質較不佳、腸胃不好或是胃潰瘍很嚴重的人，甚至胃切除，就要另外補充維生素 B12。還有就是鈣質的攝取，萬一經過身體檢查，需要補鈣，就可以考慮隨餐吃一些營養補充品。

我吃了十六年的素，很多人看到我說我看起來就是跟十六年前一樣，沒有什麼太大的變化，代表說我的身材維持得還不錯，看起來也不會老得太快。吃健康的素食應該是減緩老化的良方之一，保持開朗樂觀的心情也是唷！

9. 心臟／血脂異常

[研究論文] 營養師主導的素食計劃可能改善血脂異常患者的 GlycA 以及心臟代謝危險因素

A dietitian-led vegan program may improve GlycA, and other novel and traditional cardiometabolic risk factors in patients with dyslipidemia：a pilot study

作者群 邱雪婷（輔仁大學營養科學系副教授、台灣素食營養學會祕書長）、高韻均（時任慈濟醫療法人營養師）、王齡誼（慈濟大學臨床藥學研究所助理教授）、張懷仁（花蓮慈濟醫院心臟內科病房主任）、林俊龍（慈濟醫療財團法人執行長）

資料庫 TCVS 慈濟素食研究資料庫 & 連結健保資料庫

登載期刊／年分 Frontiers in Nutrition《營養學尖端》／ 2022 年

文獻位址 Front Nutr. 2022 Mar 24;9:807810. doi: 10.3389/fnut.2022.807810. eCollection 2022.

【論文摘要中譯】

背景 全身性發炎反應和血脂是心血管疾病的兩大治療目標。營養均衡的純素飲食對全身性發炎症和脂蛋白亞型的效果有待進一步檢驗。

目的 調查新的和傳統的心臟代謝危險因素，在主導的素食計畫前後的變化；並測試臺灣紫菜內含的維生素 B12 的可用率。

實驗設計 單臂介入前導研究。

參與者／環境 9 名血脂異常患者參加為期 12 週的素食飲食。

主要結果評值 以核磁共振（NMR）檢測 GlycA 信號（系統性炎症）、脂蛋白亞類（致動脈粥樣硬化）、三甲胺－N-氧化物（TMAO，或稱氧化三甲胺），及其他心臟代謝危險因素。

統計分析方法 威爾卡森（Wilcoxon）符號檢定。

結果 在強調全食物飲食的 12 週素食介入後，GlycA（中位數：-23 μmol/L，p = 0.01）減少，表示炎症得到改善。LDL-c（低密度脂蛋白膽固醇）（中位數 -24 mg/dl，p = 0.04）和 LDL-p（低密度脂蛋白顆粒）（中位數 -75 nmol/L，p = 0.02）均顯著下降。VLDL（極低密度脂蛋白）和乳糜微粒顯示出下降趨勢（-23.6 nmol/L，p = 0.05）。

沒有熱量限制的情況下，體重指數（BMI）（-0.7 kg/m2, p = 0.03）、腰圍（-2.0 cm, p < 0.001）、HbA1c（-0.2％, p = 0.02）和（HOMA-IR）穩態模型評估胰島素阻抗（−0.7, p = 0.04）都得到了改善。氧化三甲胺（TMAO）和維生素 B12 狀態的變化，用「全反鈷胺素（holo-transcobalamin）」測量，似乎取決於基準飲食、TMAO 和維生素 B12 狀態。

 結論 營養師主導的素食計畫可以改善系統性炎症和高危險群的其他新的和傳統的心臟代謝危險因素。

研究醫師的話　張懷仁醫師　花蓮慈濟醫院心臟內科病房主任

　　我們跟慈濟醫療法人申請了一個跨院校研究計畫，我負責執行其中一個飲食介入計畫。我的心臟科門診有非常多高膽固醇的病人，慈濟資料庫裡的素食者，相對於葷食者，雖然整體來說是好處多於壞處，但是有些人素食的方式健康，有些則不健康。現在已有研究證明健康素食才會對身體好，不健康素食甚至會比葷食還更糟。

　　所以我們找了一群高膽固醇原本葷食的病人，由慈濟醫療法人高韻均營養師設計一套抗發炎的全植物飲食食譜，安排三次團體衛教及三次一對一營養門診，持續三個月時間，研究過程會發食材給病人，包括糙米、橄欖油、堅果、紅毛苔等等，請病人每個月來領一次，回家按食譜煮食。

　　研究一開始前先抽血，三個月後再度抽血，進行前後的比較，如預期中的膽固醇變明顯降低，體重下降，腰圍也變小。

　　最有趣的發現是證實血脂肪異常病人在經過專業營養師設計及指導下改變飲食模式持續三個月，可以顯著改善全身性發炎生物指標（GlycA）、LDL 顆粒大小、氧化三甲胺（TMAO）以及各種傳統心血管代謝危險因子，證實全植物性飲食能有效降低上述這些心血管代謝危險因子。

　　GlycA 是近來嶄新的全身性發炎生物指標，已經被證實與多種發炎反應包括心血管粥狀動脈

硬化疾病密切相關，而且其預測未來罹患心血管疾病相關聯性優於傳統發炎指標 high-sensitivity CRP，這是全世界第一篇研究證實透過全植物性飲食介入治療可以降低全身性發炎指標 GlycA，對於素食飲食的好處提供科學上的客觀證據。

第二個是看膽固醇的體積。膽固醇事實上有各種不同的顆粒，顆粒有大有小，研究結果發現膽固醇的顆粒也有明顯的改善。第三個就是看代謝的指標——氧化三甲胺（TMAO），氧化三甲胺也是最近這五年來一個新的危險因素。

近十幾年來，科學家才發現我們體內腸道有很多腸道菌，平均下來一個人腸道裡面大概有十兆到一百兆的細菌，種類有一千多種。因為食物吃進體內不會百分之百被消化分解吸收，一定會有多餘的東西，就會跑到大腸去。

動脈粥狀硬化

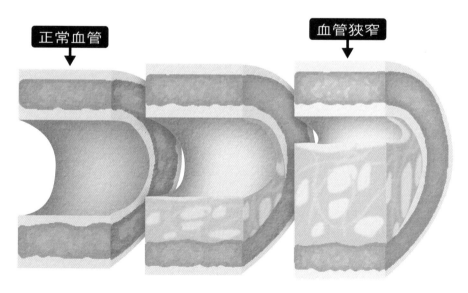

正常血管

血管狹窄

　　紅肉含有肉鹼，肉鹼對脂肪的運送跟細胞恆定是很重要的，對腦神經傳導很重要，是人體必需的；蛋和牛奶含有膽鹼，不管肉鹼或膽鹼，對體內神經系統其實是必要的，但當攝取過多時，在腸道無法被吸收，就跑到大腸去，被腸道菌作用之後，肉鹼和膽鹼就被代謝成「三甲胺」。

　　三甲胺是一種有魚腥味的氣體，在腸道直接從絨毛吸收進到肝臟，肝臟就會把它氧化成「氧化三甲胺」，再送回到血液裡面。現在發現氧化三甲胺竟然跟血小板的凝固有關係，跟動脈血管的粥狀硬化也有密切相關。

　　2016 年重量級期刊《Cell》也發表論文，在校正了膽固醇的因素後，發現氧化三甲胺是造成腦中風、心肌梗塞的一個獨立因素。（Gut Microbial Metabolite TMAO Enhances Platelet Hyperreactivity and Thrombosis Risk「腸道微生物代謝物 TMAO 增強血小板高反應性和血栓形成風險」Cell 期刊 Volume 165, Issue 1, 24 March 2016, Pages 111-124，https：//doi.org/10.1016/j.cell.2016.02.011）

　　這樣就可以解釋為什麼很多年輕人沒有三高（高血壓、高血糖、高血脂），可是還是會罹患心肌梗塞、腦中風，原因就是氧化三甲胺，來自於飲食中過多的肉鹼和膽鹼代謝。

　　這也說明了為什麼素食飲食對健康的重要性，因為並不只是能夠單純的降低膽固醇而已，素食更可以改變體內的腸道菌菌相。腸道菌相改善了，代謝物也跟著整個改變。研究也發現，腸道菌

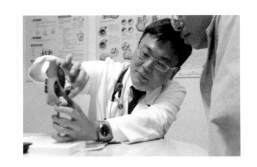

對免疫系統也有影響，而免疫系統跟腦部都很有關係。

素食經驗談

原本對於素食和營養的概念跟一般人一樣都很粗淺，在 2017 年投入這個飲食介入研究計畫，找病人來吃素，我是計畫主持人，所以就帶頭參與，一起上營養師團體衛教的課程，跟病人一起聽衛教，才了解健康素食、全植物飲食，也跟著吃素。

吃素後，真的會變瘦，不但體重減輕腰圍也變小，而且腸道感覺很舒服，排便比較順暢，剛開始有一點感覺像拉肚子，一天上兩、三次廁所，但不是真的吃壞肚子，而是吃了大量高纖維食物的效果造成腸道蠕動加快。

順帶一提，吃到豆類食物，我本身是不會脹氣，如果有人吃豆類會脹氣，應該是他體內的腸道菌不容易對豆類代謝，但是經過訓練其實是會改善的。

2019 年美國醫學會期刊 JAMA 有一個大型研究，說蛋吃得多容易發生心血管疾病（Associations of Dietary Cholesterol or Egg Consumption With Incident Cardiovascular Disease and Mortality，JAMA 2019 Mar 19;321（11）：1081-1095. doi: 10.1001/jama.2019.1572.），我正好看到關於這個研究者的專訪，他被記者問：「你的研究說不能多吃蛋，會膽固醇過高、死亡率高，那你自己吃不吃蛋？」他坦白原本他很喜歡吃，特別是歐姆蛋，常常吃，一份歐姆蛋都至少三顆蛋，研究文章發表後，他的兒子常常會跟他講：「老爸，你都發現吃蛋不好了，還吃那麼多蛋嗎？」他也開始減少蛋的食用甚至不吃蛋了。

　　就像我做了這個飲食介入研究，孩子也會問我：「爸爸，你自己都說吃素好，怎麼自己還……？」我們今天用科學的方法證實了素食降低罹病的風險，所以好的事就要去做，也是這個契機改變了我的飲食習慣。

　　對於素食飲食，我鼓勵大家「用腦袋來吃飯」，從健康的角度出發，也就是所謂的「紅綠燈原則」；綠燈食物，是盡可能符合全植物飲食以及健康的烹調方式。黃燈食物可以輔助我們吃更多的綠燈食物。其他就當成紅燈食物；萬一出門在外，當你要吃紅燈食物時，就多想想；當能力或環境許可，就多吃綠燈食物就好了。

紅綠燈飲食原則

綠燈食物	黃燈食物	紅燈食物
符合全植物飲食 以及健康的烹調方式	輔助我們吃更多的 綠燈食物	少吃 不要吃

　　在食物裡的膽固醇被吃進人體，在血液裡會跟特定的蛋白質結合，最主要兩種是「高密度脂肪蛋白」（HDL, High-density Lipoprotein）及「低密度脂肪蛋白」（LDL, Low-density Lipoprotein）。

　　跟 HDL 結合的膽固醇會被運送離開血液進入肝臟儲存，或是分解為膽汁，或合成其他物質。

　　因此，當血液裡有較多的膽固醇跟 HDL 結合時，就會降低膽固醇在血管壁形成有害斑塊的風險。而也就是因為這樣，我們把跟 HDL 結合的膽固醇稱之為「好膽固醇」。

　　反之，跟 LDL 結合的膽固醇是從肝臟被運送進入血液裡的。因此，當血液裡有較多的膽固醇跟 LDL 結合時，就表示會增加膽固醇在血管

壁形成斑塊的風險。而也就因為這樣,我們把跟 LDL 結合的膽固醇稱
之為「壞膽固醇」。

膽固醇是一個單一的化學分子(分子式 C27H46O),本身沒有好壞之分。

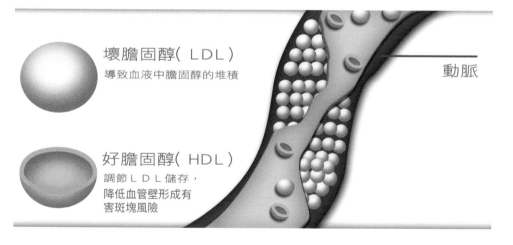

好膽固醇 VS. 壞膽固醇

壞膽固醇(LDL)
導致血液中膽固醇的堆積

動脈

好膽固醇(HDL)
調節 LDL 儲存,
降低血管壁形成有
害斑塊風險

177

營養師這樣說

血脂過高（包含總膽固醇 TCH、低密度膽固醇 LDL、三酸甘油酯 TG）會容易導致心血管疾病，另外也與高血壓、糖尿病、腦中風及腎病等疾病有關。建議要建立及保持良好的生活型態，除了養成運動習慣及戒菸外，也要注意平時的飲食。

高血脂者在飲食方面的注意事項，首先要控制體重在理想範圍，因為體重過重是造成心血管疾病的危險因子之一；其次，要控制飲食中脂肪的來源及攝取量，盡可能選擇原型食物，避免加工或精緻性食品，例如：可選擇原型的嫩豆腐或傳統豆腐，但要避免含油高的百頁豆腐。

▲ 豆腐　　▲ 百頁豆腐

蛋白質來源建議以同樣為優質蛋白質的植物性蛋白（黃豆製品）取代動物性蛋白，因為植物性蛋白質的脂肪含量較低又不含膽固醇，是高血脂患者較良好的蛋白質來源，但要注意油豆腐及油炸過的豆包及豆皮。另外建議多攝取富含纖維的食物，包含蔬菜類、水果類、未精緻的豆類及全穀類。

優質的植物性蛋白質

豆製品

▲ 鷹嘴豆

穀物堅果

藜麥

蔬菜

▲ 蘆筍

烹調時建議選擇汆燙、清蒸、烘烤、涼拌及水炒法等用油量少的烹調方式,避免需要使用高油量的油炸、油煎、糖醋及爆炒。烹調用油建議選擇單元及多元不飽和脂肪酸高的油脂,像是橄欖油、苦茶油、芥花油及葵花油等,要避免選擇飽和脂肪高的油脂,像是動物油、奶油、椰子油及棕櫚油等。最後就是要避免飲酒,飲酒過量容易使三酸甘油脂上升。

▲ 日式什錦飯(詳見第 181 頁)

▲ 溫沙拉(詳見第 182 頁)

▲ 綠茶水果蕨餅(詳見第 185 頁)

▲ 羅勒綠櫛瓜核桃湯(詳見第 187 頁)

營養成分分析　每一份量 210 克，本食譜含 2 份

熱量 （大卡）	蛋白質 （克）	脂肪 （克）	飽和脂肪 （克）	碳水化合物 （克）	糖 （克）	鈉 （毫克）	膳食纖維 （克）
456.1	22.6	8.8	1.9	75.4	11.0	955.6	7.0

日式什錦飯

烹調時間｜120 分鐘

高血脂患者建議多攝取高纖維食物，除了蔬菜水果外，全穀雜糧類可以選用糙米、五穀米等取代白米，糙米的升糖指數較白米低，能延緩血糖上升並降低膽固醇，若一開始攝取糙米不習慣，可嘗試使用白米與糙米各半烹煮，漸進增加糙米的食用量也可行。此外再搭配菇類（香菇及鴻喜菇），含有豐富的多醣體及膳食纖維，除了能增加什錦飯的香氣及降血脂外，也可以增加免疫力及保護腸道健康。

材料

白米	半杯（60 克）
糙米	半杯（60 克）
濕豆皮	50 克
乾香菇	15 克
胡蘿蔔	40 克
鴻喜菇	50 克

調味料

醬油	20 克
味醂	20 克
香油	5 克

作法

1 糙米洗淨，並在前一天先浸泡泡軟隔天較好烹煮。

2 乾香菇用清水沖淨，放入水 100CC 浸泡，切片（香菇水保留）。

3 白米及糙米分別洗淨，再放入電子鍋內鍋。

4 香菇調味水：全部的調味料（醬油、味醂及香油）放入容器中，混合均勻，倒入作法 1 香菇水混合，即成。

5 濕豆皮切條狀；胡蘿蔔洗淨，切成絲；鴻喜菇洗淨，剝開，備用。

6 香菇調味水、濕豆皮、香菇片倒入湯鍋中，放在瓦斯爐上煮沸，倒入電子鍋內鍋，蓋上電子鍋蓋燜 30 分鐘。

7 待米飯燜熟後，將胡蘿蔔、鴻喜菇均勻鋪在米飯上面，繼續按下煮飯的按鍵。

8 等待煮好後，不要掀蓋，續燜 20 分鐘，再取飯勺攪拌均勻，盛裝至碗中，即可食用。

配菜

溫沙拉

烹調時間｜35 分鐘

飲食中足夠的膳食纖維可降低血中膽固醇並在腸道減少膽固醇的吸收，有助於降低膽固醇及血脂肪的效果。搭配維生素 C 高的紅甜椒和富含花青素的紫薯，都是對身體很好的抗氧化劑，能夠有效預防心臟疾病及維護心血管健康，而核桃含有豐富的 Omega-3 具有抗發炎的效果，是素食者良好的 Omega-3 來源，但要小心核桃屬於油脂類，要避免攝取過多，反而造成血脂過高。

材料

紅甜椒	40 克
小黃瓜	25 克
蘿蔓生菜	30 克
熟紫薯	50 克
蘋果	30 克
水煮蛋	55 克
濕香菇	25 克
核桃	10 克

調味料

橄欖油	15 克
義式香料	0.5 克
鹽	1 克
檸檬汁	25CC
蘋果醋	5 克
砂糖	10 克
水	30CC

作法

1　紅甜椒洗淨，切條；小黃瓜洗淨，切片；蘿蔓生菜洗淨，切小段；烤箱預熱 220 度 10 分鐘。

2　熟紫薯去皮，切小丁；蘋果去皮，去籽，切小丁；新鮮香菇洗淨，切片，備用。

3　取烤盤，鋪上錫箔紙，均勻擺放紅甜椒條、小黃瓜片、紫薯丁及香菇片，移入烤箱烤約 20 分鐘。

4　雞蛋表面洗淨，取小鍋放入雞蛋，再加入水（需蓋過雞蛋高度），以大火煮至水滾，再開始計時 3 分鐘後，熄火，撈出水煮蛋後，放涼，剝殼，切成片，備用。

5　全部的調味料放入容器中，混合均勻，即成醬汁。

6　從烤箱取出作法 3 後，依個人美感盛放至沙拉盤容器中，再放上蘋果丁、水煮蛋及核桃，淋入作法 5 的醬汁，撒上義式香料，即可食用。

營養成分分析　每一份量 176 克，本食譜含 2 份

熱量 （大卡）	蛋白質 （克）	脂肪 （克）	飽和脂肪 （克）	碳水化合物 （克）	糖 （克）	鈉 （毫克）
209.9	5.4	13.6	2.4	19.4	8.4	237.1

維生素 C （毫克）	膳食纖維 （克）
40.4	2.4

營養成分分析　每一份量 220 克，本食譜含 3 份

熱量 （大卡）	蛋白質 （克）	脂肪 （克）	飽和脂肪 （克）	碳水化合物 （克）	糖 （克）	鈉 （毫克）	維生素 C （毫克）
172.3	0.6	0.2	0.0	42.6	7.4	3.3	34.0

點心

綠茶水果蕨餅

烹調時間 | 40 分鐘

此食譜選用許多含量豐富的抗氧化營養素，像是以綠茶取代水，來增加蕨餅香氣又能攝取到兒茶素及綠茶多酚，水果的搭配增加膳食纖維外，藍莓有豐富的花青素及鞣花酸，草莓有豐富的維生素 C、花青素及鞣花酸，黃金奇異果含有豐富維生素 C 及奇異果酵素，這些食物除了能增加免疫力外，還能幫助保護心血管健康，另外用天然蜂蜜取代砂糖，讓身體更加無負擔。建議以這道點心取代市售含糖量高的糕餅點心。

材料

綠茶包	2 包
溫水	350CC
蓮藕粉	100 克
草莓	60 克
藍莓	60 克
黃金奇異果	60 克

調味料

蜂蜜	30 克

作法

1 將綠茶包放入杯中，倒入溫水 350CC，浸泡約 15 分鐘即成常溫綠茶，備用。

2 草莓、藍莓及奇異果分別洗淨，草莓去蒂頭，對半切；奇異果切成圓片狀，再切成 1/6 小片備用。

3 蓮藕粉、砂糖及常溫的綠茶倒入果汁機，攪拌均勻，備用。將作法 3 加入湯鍋中，以小火加熱，並持續攪拌（注意避免燒焦）至半透明糊狀後，熄火，取出，即成綠茶蕨餅糊。

4 將綠茶蕨餅糊倒入四方型的大盒中鋪平，移至冷藏室 15 分鐘至涼透後，取出。

5 將綠茶蕨餅倒扣到大盤中，再依個人喜好切成適口的大小，放入點心盤，加入草莓、藍莓及奇異果，淋上蜂蜜，即可食用。

營養成分分析　每一份量 350 克，本食譜含 3 份

熱量 （大卡）	蛋白質 （克）	脂肪 （克）	飽和脂肪 （克）	碳水化合物 （克）	糖 （克）	鈉 （毫克）
196	6.5	16	2	12.5	1	62

鉀 （毫克）	次亞麻油酸 （毫克）
957	1015

羅勒綠櫛瓜核桃湯

烹調時間 | 30 分鐘

植物中富含次亞麻油酸的食物是核桃，具備降低心血管疾病風險的保護力，能降低血栓形成、降低身體發炎指數，提升高密度膽固醇的功效。此道綠色能量湯品可以攝取到 1000 毫克的次亞麻油酸，在實證上能有效降低心臟相關疾病，且富含鉀離子，有調解血壓的功效。建議搭配兩片全麥饅頭和麵包及一些豆製品，補充蛋白質及碳水化合物的攝取。

材料

綠櫛瓜	2 條（400 克）
中型洋蔥	半顆（150 克）
大蔥	1 條（30 克）
蒜頭	5 顆（15 克）
羅勒	1 把（15 克）
核桃	8 顆（40 克）

調味料

橄欖油	1 大匙（10 克）
精鹽	1/2 小匙（0.5 克）
白胡椒粉	1/4 小匙
檸檬	半顆（40 克）
黑胡椒粉	1/4 小匙

作法

1 將食材分別洗淨。綠櫛瓜對半切成半圓形；洋蔥切小丁；大蔥切片；蒜頭去皮，切薄片；核桃切末；檸檬洗淨，切半，擠出檸檬汁，備用。

2 取一個湯鍋，加入橄欖油，放入洋蔥、綠櫛瓜、大蔥炒至蔬菜呈現半透明狀態（香氣飄出來），倒入熱水 500CC，以中小火煮約 15 分鐘。

3 取一小平底鍋，轉小火，倒入橄欖油，放入蒜片炒金黃後，加入核桃、黑胡椒粉，拌勻備用。

4 等待作法 2 蔬菜煮透，加入羅勒葉拌勻，熄火，取食物攪拌棒攪打均勻（若要保留口感可不打碎），即成綠色蔬菜濃湯。

5 加入鹽、白胡椒粉、檸檬汁調味，再加入作法 3 炒香的蒜片跟核桃末，可增添品嚐此道濃湯入口時，充滿能量的層次美味。

10. 失智

[研究論文] 臺灣素食者與降低失智症罹患率的關連性

Taiwanese vegetarians are associated with lower dementia risk: a prospective cohort study

作者群 蔡瑞修（大林慈濟醫院身心科醫師）、黃慶峰（台中慈濟醫院神經內科醫師）、林名男（大林慈濟醫院副院長）、張巧兒（臺灣大學公共衛生學院流行病學與預防醫學研究所）、張嘉珍（時任醫療法人統計諮詢師）、林俊龍（慈濟醫療財團法人執行長）

登載期刊／年分 Nutrients《營養素》／ 2022 年

文獻位址 Nutrients. 2022 Jan 28;14（3）:588. doi: 10.3390/nu14030588.

【論文摘要中譯】

全球失智症患者人數迅速增加，目前尚無有效的治療方法。飲食模式是影響失智症發生和進展的一項重要危險因子。我們以世代資料庫進行這項研究，來了解臺灣中年素食者是否會影響晚年失智症發生率。

我們追蹤「慈濟素食研究資料庫（TCVS）」中平均年齡低於 60 歲的 5,710 位參與者，我們從 2005 年開始招募，一直到 2014 年底，資料庫代碼從 ICD-9-CM 改為 ICD-10-CM。失智症的發生率是透過與全民健康保險研究資料庫連結而取得。

我們採用 Cox 比例風險迴歸來估算素食者與非素食者的失智風險比率。結果有 121 例失智症（37 名素食者和 84 名非素食者），經校正性別、年齡、吸菸、飲酒、教育水平、婚姻、規律運動和合併症等因素，相較於非素食者（風險比 = 0.671，信賴區間：0.452-0.996，p < 0.05），素食者失智的風險明顯較低。

營養師這樣說

隨著失智症研究不斷的進展，我們也愈來愈瞭解有助於預防或延緩失智症的因子。除了多運動、多動腦可以幫助延緩失智症以外，**攝取均衡的飲食也能達到預防失智的效果**。依照衛生福利部的失智照護指引，每日進食攝取量可參考：水果類 2 份、油脂類 1.5 ～ 3 湯匙、蔬菜類 3 ～ 4 種、奶類 1 ～ 2 杯、豆魚蛋肉類 3 ～ 4 份，以維持營養之均衡。同時目前不建議長時間、高劑量從飲食以外的來源進行補充維生素或深海魚油，以免過量而造成副作用。

除了以上預防方法以外，經研究證實，飲食方法中能有效減緩腦部老化的吃法，那就是麥得飲食。麥得飲食是一種以蔬菜、水果和全穀雜糧類為基礎的飲食方式，主要是在促進大腦和身體的健康，它是由地中海飲食和 DASH 飲食相結合而成的。麥得飲食強調食用對大腦有益的食物進而延緩老化及預防失智。以下是麥得飲食的特點：

1 蔬果類　　建議每天攝取大量蔬果，尤其是深色蔬菜及莓果類。

2 全穀
　雜糧類　　建議攝取未精製澱粉。

3 豆魚
　蛋肉類　　建議攝取低脂的蛋白質來源。

4 油脂與堅　建議攝取富含 Omega-3 脂肪酸的食物和富含抗氧化物質的
　果種子類　堅果類。

5 減少加工類與紅肉的攝取。

搭配上述幾點，加上飲食中的抗氧化物質，對預防失智症的發生能達到一定的保護作用。

松露野菇燉飯

烹調時間｜40 分鐘

菇類含有許多有助於抗氧化的因子，分別為麥角硫因、硒、維生素 D2 和穀胱甘肽，人體在正常代謝的過程中會產生自由基，自由基會導致人體內的氧化壓力上升，菇類中的抗氧化因子能使自由基減少。

除了抗氧化因子以外菇類的多醣體和多酚類化合物在延緩老化上也扮演重要角色，此道菜加入了松露菌菇醬與新鮮的鴻喜菇，讓主食類中充滿菇類以達攝取抗氧化因子的目的。

材料

生米 ·· 50 克
鴻喜菇 ······································ 38 克
起司 ·· 7 克
熱水 ······································ 150 毫升

調味料

橄欖油 ······································ 5 克
松露菌菇醬 ································ 5 克
鹽 ·· 1.5 克

作法

1 將橄欖油倒入平底鍋熱鍋，加入剝好的鴻喜菇，以中火炒至有些微焦香味。

2 再加入生米 50 克至鍋中翻炒，炒至米粒都被充分加熱後，再翻炒 6 ～ 10 分鐘。

3 翻炒完畢後，分三次加入 150 毫升的熱水（或素高湯），每次加入高湯後使用中火炒至湯汁完全收乾（烹煮過程中會將米粒完全煮熟），依個人喜好決定米的軟硬度。

4 加入起司、松露菌菇醬、鹽攪拌均勻，即可起鍋食用。

營養成分分析　每一份量 160 克，本食譜含 1 份

熱量 （大卡）	蛋白質 （克）	脂肪 （克）	飽和脂肪 （克）	碳水化合物 （克）	糖 （克）	鈉 （毫克）
252	5.7	7.2	1.9	41.4	0.88	777

地中海果蔬沙拉

烹調時間｜15 分鐘

地中海飲食中靠著攝取大量的原型蔬果，補充豐富的維生素 C、鉀、鎂與不同的植化素（例如：茄紅素、葉黃素和玉米黃素）來達到抗氧化的效果，此道地中海沙拉攝取了大量蔬菜，紅心芭樂也富含維生素 C，不但能達到抗氧化還能攝取到膳食纖維，加上簡單的橄欖油及醋調製成的油醋醬，口感清爽無負擔。

材料

聖女小番茄	50 克
蘿美萵苣	12 克
小黃瓜	53 克
紅心芭樂	25 克

調味料

橄欖油	2 克
烏醋	1 克

作法

1 將聖女小番茄洗淨，切對半；蘿美生菜洗淨，切小段。

2 小黃瓜洗淨，切小片；紅心芭樂洗淨，切小塊。

3 將切好的小番茄、小黃瓜、紅心芭樂，放入生菜沙拉盤。

4 橄欖油倒入容器中，加入烏醋混合，淋在作法 3 的生菜沙拉盤上，即可食用。

營養成分分析　每一份量 145 克，本食譜含 1 份

熱量（大卡）	蛋白質（克）	脂肪（克）	飽和脂肪（克）	碳水化合物（克）	糖（克）	鈉（毫克）
215	7.0	4.3	1.29	43.4	13.8	717

湯品

牛蒡紅棗枸杞湯

烹調時間｜35 分鐘

牛蒡中含有多種多酚類化合物，有助於抗氧化，搭配玉米、枸杞與紅棗等有天然甜味的食材經過熬煮後能吃出食物本身的甜味，還能補充膳食纖維，且牛蒡也含有豐富的維生素 B 群，維生素 B 群有助於調節腦內細胞及酵素，可改善腦部萎縮的狀況，進而提升認知能力，綜合以上可減少失智的風險。

材料

牛蒡 ························· 26 克

玉米 ························ 168 克

紅棗 ·························· 9 克

枸杞 ·························· 4 克

水 ······················ 700 毫升

調味料

鹽 ··························· 2 克

作法

1 將牛蒡洗淨，刨成絲；玉米洗淨，切段。

2 全部的食材放入湯鍋中，倒入水 700 毫升，煮大火燉煮至沸騰，轉小火續煮 20 分鐘。

3 加入鹽調味，盛入湯碗中，即可食用。

營養成分分析　每一份量 600 克，本食譜含 1 份

熱量 （大卡）	蛋白質 （克）	脂肪 （克）	飽和脂肪 （克）	碳水化合物 （克）	糖 （克）	鈉 （毫克）	維生素 B6 （毫克）
261	5.3	4.3	22.9	17.4	6.7	3.16	0.4

點心

紅莓黑巧克力

烹調時間｜ 20 分鐘

黑巧克力裡的可可含有最高含量的多酚和類黃酮，選擇低糖且可可含量高的黑巧克力，有助於抗氧化。選用 85％ 的黑巧克力，有效抗氧化的同時不會攝取過量糖分，且加入富含維生素 E 的多種堅果，吃點心的同時也沒有太大的負擔。

材料

核桃 ………………………………… 5 克
夏威夷果 …………………………… 8 克
腰果 ………………………………… 5 克
冷凍乾燥草莓 ……………………… 5 克
85％黑巧克力……………………… 25 克

作法

1 將黑巧克力隔水加熱至 60℃，再將其降溫至 27℃ 冷卻，再將其隔水加熱至 31℃，將黑巧克力調溫完成。

2 將所有的堅果類敲碎，放入烤箱中，以 150℃ 烤 5 分鐘。

3 最後將堅果拌入巧克力中（可用模型做變化），再以草莓乾裝飾，移入冰箱冷藏至凝固，取出，即可食用。

營養成分分析　每一份量 48 克，本食譜含 1 份

熱量 （大卡）	蛋白質 （克）	脂肪 （克）	飽和脂肪 （克）	碳水化合物 （克）	糖 （克）	鈉 （毫克）	可可多酚 （毫克）
261	5.3	4.3	22.9	17.4	6.7	3.16	200~250

遵循體質　茹素顧健康

張薇喬　大林慈濟醫院中醫部醫師

我從有記憶以來就不喜歡吃肉，肉的味道會讓我覺得有噁心感，但是小朋友喜歡吃的一些加工的肉類，像雞塊、培根、熱狗這些比較沒有肉味的食物我還是滿喜歡吃的，所以小時候總是被阿嬤罵挑食，被逼吃肉。

一直到我小學中年級，爸爸接觸佛教後發願吃素，阿嬤也改變了觀念，她開始思考素食該如何煮得營養均衡，接下來的幾年家裡的飯菜都轉以素食為主，而我才有機會在小學六年級的時候跟爸媽說：「我想開始吃素！」能夠開始吃素，都要感謝爸爸和阿嬤的成就。

阿嬤擔心我吃素會營養不良，長不高，但吃素以後我的身高從 161 公分繼續長到 176 公分。

在我的中醫診間，我不會特別推素，但如果知道病人是素食者，我會特別叮嚀要注意飲食均衡和食材的多樣化。

雖然在臺灣吃素比起其他地方已是數一數二方便且有豐富的選擇，但經常聽到病人的飲食內容太過簡單，例如以澱粉及蔬菜為主的飲食方式，會有蛋白質攝取不足、維生素攝取不均衡，及醣類、油脂攝取太多的問題。

如果吃牛奶和蛋的蛋奶素，不會有維生素 B12 不足的擔心；堅果類提供好的油脂和 Omega-3，每天都吃才能攝取營養。如果不吃蛋、奶就需要從豆類作為主要的蛋白質來源。

有些患者會問：「吃素久了，是不是身體會變寒？」從中醫的角度來看，素食者攝入的食物大多都偏平性或寒涼，少了肉類或動物性來源這種在中醫裡被稱作是血肉有情之品的食材，但不代表每個人茹素久了都會變成虛寒體質，因為不只食物有寒熱溫涼的偏性，人的體質也有。

若是原本體質就偏虛寒的人，會建議在食材裡加入少許生薑來平衡偏性，但也不建議民眾直接將茹素和虛寒劃上等號，每天都喝薑茶暖身，而沒有將每個人體質不同且季節合不合適納入考慮。建議還是找中醫師評估體質偏性和調整飲食內容，讓茹素生活更健康。

營養師建議一日三餐搭配

西式早餐

香蕉莓果奶昔
（詳見第 167 頁）

＋

溫沙拉
（詳見第 182 頁）

中式早餐

藜麥本丸
（詳見第 147 頁）

或

蕎麥麵疙瘩
（詳見第 121 頁）

午餐

酪梨皮塔餅
（詳見第 161 頁）

蒜香奶油野菇烤甜椒
（詳見第 149 頁）

羅勒綠櫛瓜核桃湯
（詳見第 187 頁）

晚餐

整顆番茄炊飯
（詳見第 95 頁）

豆皮拌鮮蔬
（詳見第 81 頁）

元氣蔬菜湯
（詳見第 165 頁）

PART 4

低碳健康學

素食降低醫療費用

我們發表的一篇論文證實，在臺灣，素食者所花費的醫療費用相較於葷食者為低。

透過與臺灣的健保資料庫連結，我們比較從慈濟素食研究資料庫募集的素食者和葷食者的醫療保健利用率和醫療支出，研究結果指出，素食者的使用門診次數少 13％、總醫療支出少 15％。

現今每年健保署的預算是八千億元，如果以素食者節省的總醫療費用少了 15％，等於為臺灣節省了一千兩百萬的醫療費用，我曾向政府主管機關提出的訴求，是提列一部分經費預算來鼓勵素食飲食。

因為有獎勵方案，讓愈多人有動機吃素，又能常保健康，減少看病的機率及頻率，就可以相對地減少健保支出，這是多方都贏的好方法。

[研究論文] 臺灣的素食與醫療費用─對照世代研究

Vegetarian diets and medical expenditure in Taiwan - a matched cohort study

資料庫 TCVS 慈濟素食研究資料庫

作者群 林俊龍（慈濟醫療財團法人執行長）、王仁宏（花蓮慈院研究部臨床流病及生酮諮詢中心統計諮詢師）、張嘉珍（時任醫療法人統計諮詢師）、邱雪婷（輔仁大學營養科學系副教授、台灣素食營養學會祕書長）、林名男（大林慈濟醫院副院長）

登載期刊／年分 Nutrients《營養素》／ 2019 年

文獻位址 Nutrients. 2019 Nov 6;11（11）:2688. doi: 10.3390/nu11112688

【論文摘要中譯】

慢性非傳染性疾病的醫療費用是目前全球主要的疾病負擔，素食飲食及生活型態已被證明可以減少許多慢性非傳染疾病的風險。我們的目標是要驗證素

食飲食型態對直接醫療費用的貢獻。

透過與臺灣的健保資料庫連結，我們比較了從「慈濟素食研究資料庫」募集的 2,166 名素食者和相符年齡、性別的 4,332 名葷食者的醫療保健利用率和醫療支出。

飲食和生活型態問卷是自我填寫的，並且是前瞻性收集的。我們使用一般線性迴歸模型估算素食者和葷食者的 5 年平均醫療支出，同時針對年齡、性別、教育程度、運動習慣、抽菸和飲酒進行調整（校正）。

透過與已公布的符合該人群年齡和性別特徵的標準化人口的醫療費用進行比較，也估算了非飲食相關的生活型態因素（抽菸、飲酒、社區志願服務和宗教情感支持）相關的醫療費用。

慈濟資料庫的素食者的看門診次數明顯較低；素食者與葷食者相比，門診次數少 13%（p = 0.007）、總醫療支出少 15%（p = 0.008）。而慈濟資料庫的葷食者的醫療支出，比（健保資料庫）一般人口低了 10%。但在牙科門診及醫療費用上沒有差異。

素食飲食與明顯較低的醫療費用有關，可考慮作為減輕群體醫療和經濟負擔的有效策略。

素食降低環境衝擊　促地球永續

慈濟的氣候行動、蔬食與防疫：清淨在源頭，簡樸好生活

顏博文　佛教慈濟慈善事業基金會執行長

近十幾年來，地球遭逢許多不可逆的危機，由氣候變遷所引發的天災愈來愈頻繁也愈來愈劇烈。2017 年，證嚴上人曾在志工早會提到「生態負債日」（Ecological Debt Day）這個議題，現在稱為「地球超載日」（Earth Overshoot Day）。

上人憂心提及，現代人隨心所欲，過度開發、揮霍消費，天然資源不斷被消耗用以生產物資，又不斷地過剩，有用成為無用，造就囤積垃圾，惡性循環，地球負債的情況將愈來愈緊、愈來愈快速。[註1]

▲ 2023 亞太暨臺灣永續行動獎，慈濟基金會獲三項金級獎殊榮，由顏博文執行長代表領獎 (中)。花蓮慈濟醫院癌症醫學中心、大林慈濟醫院也獲獎項肯定，由許文林副院長 (右) 及林名男副院長 (左) 分別代表領獎。

地球超載　減少碳排

人類對生態的破壞、污染，原本可透過自然生態來平衡，但人類已經過度使用地球資源，產生嚴重污染；「地球超載日」就是標記人類用盡了地球一整年可以更新的所有生物資源的那一天，是由聯合國「全球足跡網絡」（The Global Footprint Network），一家屢獲殊榮的國際研究非營利組織，統合數據資料形成最合理的假設來評估人類使用地球資源的狀況。

1987 年，地球超載日只提早 12 天；到了 2017 年，地球已提早負

債 151 天；到 2023 年，地球超載日提前了 156 天，人類一年使用的資源，已經要消耗 1.75 個地球才夠。現在的地球根本來不及修復再生資源，這是一個非常嚴重的問題，幸好現在全世界各個國家地區已經開始積極對話、合作，希望能一起努力，減緩地球暖化的速度。

永續發展　茹素行動

要讓地球資源永續，可以仰賴什麼樣的指標來評估該做哪些努力呢？其實早在 2014 年聯合國就公布了 17 項「永續發展指標」（Sustainable Development Goals, SDGs），但直到 2016 年 1 月 1 日才正式實施。

這 17 項指標大致分成三類，第一大類是保障弱勢，包含消除貧窮、沒有飢餓等等，第二大類是資源發展必須要平衡；第三類是生態與夥伴關係。我們在 2017 年出版的慈濟 50 周年英文特刊，將慈濟於全世界所投注的慈善、醫療、教育、人文四大志業，加上國際賑災、骨髓捐贈、環保及社區志工一共「八大法印」足跡的實質數據，跟 SDGs 永續發展指標進行對照，結果慈濟在 17 項指標中已經達成了 16 項，只有「和平與正義（Peace & justice）」暫時缺乏數據支持。

不過，鑑於慈濟宗旨就是提倡和平，呼籲蔬食、不殺生，「心佛眾生，三無差別」，所以實際上慈濟在 17 項永續發展指標上都有達標。

嚴重的碳排放造成劇烈的氣候變遷，包含石油業、天然氣、還有畜牧業等，都是廢氣排放的主因，加上大量森林砍伐，導致溫室氣體效應居高不下。統計數據顯示，全球一年屠宰約 560 億隻牲畜，換算一下，一小時的時間過去，就有超過 600 萬隻動物被殺。

【註 1】弘誓願　安樂行 // 證嚴上人主講 // 講於 2017 年 8 月 1 日至 19 日 // 慈濟月刊第 610 期 https://web.tzuchiculture.org.tw/?book=610&mm=5340#.ZD-3p_3ZBxPY

　　看看土地廣大的美國德州，石油業、天然業、畜牧業、生產都冠於全美，卻在 2017 年 8 月 25 日遭受美國史上內陸單一颶風的最大災害——哈維颶風。大自然的反撲，其實是人類要負最大的責任。

　　世界經濟論壇（World Economic Forum）在每年的 1 月公布《全球風險報告》（Global Risk Report），雖然這是「經濟」論壇，但他們提出當今重要的問題是氣候變遷，目前世界各國面對的經濟問題與風險，有 60％是氣候變遷，20％是區域政治的緊張情勢，而經濟論壇的創辦人及執行董事也公開呼籲所有的企業領袖應於各自企業設立「零碳排放」的目標。

　　美國國家航空暨太空總署（NASA）拍攝到的地球，從二氧化碳濃度、平均地表溫度、北極冰層面積、冰層厚度下降、海平面上升這五項地球的健康指標，顯示出地球的健康堪憂，現在已不只是氣候變遷（Climate Change）的問題，而是地球該進急診室了，現在是氣候急難（Climate Emergency）！聯合國政府間氣候變遷專門委員會（IPCC, The Intergovernmental Panel on Climate Change）發表的報告，科學家們百分之一百確定，就是人類的行動造成了氣候暖化。

　　上人呼籲我們要「懺悔、齋戒、茹素」，慈濟一直走在正確的路上。

新冠疫情的衝擊

　　2019 年底開始的新冠肺炎（COVID-19）疫情，不但造成無數人命損傷，也連帶引發全世界的饑饉。

　　因為防疫而封鎖邊境，全世界的經濟作物都無法運送出去，造成了饑荒。肯亞最大的貧民窟——基貝拉

（Kibera），居民本就生活在極度貧困中，新冠疫情封城造成許多人直接餓死。

上人很早就提醒我們展開防疫援助及紓困行動，到 2022 年底（自 2019 年到 2022 年底），慈濟全球防疫物資援助，於美洲 21 國、歐洲 22 國、非洲 23 國、大洋洲 4 國、亞洲 27 國，援助 97 國家地區逾 5,227 萬件；而經濟紓困達 44 個國家地區，534 萬戶近 2,172 萬人次受益。

比爾蓋茲在 2015 年一場 TED 演講曾說：「如果在未來數十年有任何東西能殺死一千多萬人，那就是病毒。」當時簡報秀出的病毒樣子正是冠狀病毒。他在 2015 年 4 月的社群訊息上說他在快 30 歲時成為素食者，2019 年時他更發言：「吃更多純素食可以對抗氣候變遷、拯救地球。」

Climate Healers（氣候治癒者組織）在 2020 年 3 月 11 日發布一則新聞，「冠狀病毒引導我們走向一個純素的世界（How the coronavirus leads us to a vegan world）」，報導引用愛因斯坦的一句話——聰明的人解決問題，智慧的人避免問題（A clever person solves the problem. A wise person avoids it.）。這也呼應上人的慈示，植物性飲食，是有智慧的選擇，是最佳的防疫方法。

聰明攝取低碳排食物

從富含蛋白質食物的碳足跡比較表上，標示著每食用 100 克所產生的碳足跡，最高的就是牛肉，產生 25 公斤二氧化碳，最少的是堅果，-0.8 公斤，會出現負數值的碳排放量是因為在過程中，產生非常多的光合作用，有助於降低碳排放量。

蛋白質食物的碳足跡比較

蛋白質食物的溫室氣體排放量
以全球 119 國、38,700 家商業農場為樣本，顯示各種食物每 100 克蛋白質的溫室氣體排放量。
曲線的高度代表特定足跡的全球產量。
白點標示為每種食品溫室氣體排放量的中位數。

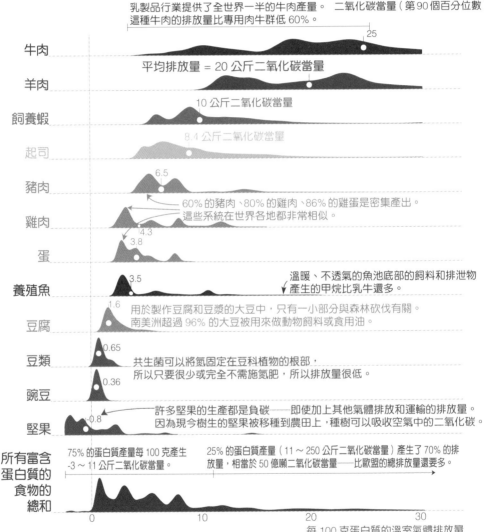

用牛肉生產 100 克蛋白質平均排放
25 公斤二氧化碳當量。但範圍從 9
（第 10 個百分位數）到 105 公斤
二氧化碳當量（第 90 個百分位數）。

乳製品行業提供了全世界一半的牛肉產量。
這種牛肉的排放量比專用肉牛群低 60%。

牛肉

平均排放量 = 20 公斤二氧化碳當量　　25

羊肉

10 公斤二氧化碳當量

飼養蝦

8.4 公斤二氧化碳當量

起司

豬肉　6.5

60% 的豬肉、80% 的雞肉、86% 的雞蛋是密集產出。
這些系統在世界各地都非常相似。

雞肉　4.3

蛋　3.8

養殖魚　3.5

溫暖、不透氣的魚池底部的飼料和排泄物
產生的甲烷比乳牛還多。

豆腐　1.6

用於製作豆腐和豆漿的大豆中，只有一小部分與森林砍伐有關。
南美洲超過 96% 的大豆被用來做動物飼料或食用油。

豆類　0.65

共生菌可以將氮固定在豆科植物的根部，
所以只要很少或完全不需施氮肥，所以排放量很低。

豌豆　0.36

堅果　-0.8

許多堅果的生產都是負碳——即使加上其他氣體排放和運輸的排放量。
因為現今樹生的堅果被移種到農田上，種樹可以吸收空氣中的二氧化碳。

所有富含蛋白質的食物的總和

75% 的蛋白質產量每 100 克產生
-3 ～ 11 公斤二氧化碳當量。

25% 的蛋白質產量（11 ～ 250 公斤二氧化碳當量）產生了 70% 的排
放量，相當於 50 億噸二氧化碳當量——比歐盟的總排放量還要多。

0　　　　　　10　　　　　20　　　　　30

每 100 克蛋白質的溫室氣體排放量
（公斤二氧化碳當量；kg CO2eq）

※ 註：排放量是包含整個食品供應鏈的過程，從土地用途變化到零售商，包括農場、加工、運輸、包裝和零售的排放。
※ 資料來源：《科學》期刊（Science）作者：Joseph Poore and Thomas Nemecek (2018). 文獻標題：透過生產者和消費者減少食品
對環境的影響（Reducing food's environmental impacts through producers and consumers.）
※ 圖片來源：The Noun Project. https://ourworldindata.org/less-meat-or-sustainable-meat
OurWorldInData.org ---- Research and data to make progress against the world's largest problems.
Licensed under CC-BY by the authors Joseph Poore & Hannah Ritchie.

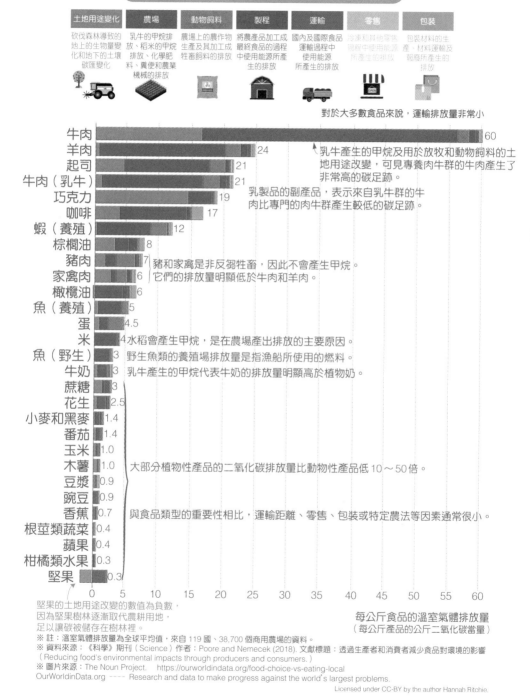

食物供應鏈過程產生的溫室氣體

土地用途變化	農場	動物飼料	製程	運輸	零售	包裝
砍伐森林導致的地上的生物量變化和地下的土壤碳匯變化	乳牛的甲烷排放、稻米的甲烷排放、化學肥料、糞便和農業機械的排放	農場上的農作物生產及其加工成牲畜飼料的排放	將農產品加工成最終食品的過程中使用能源所產生的排放	國內及國際食品運輸過程中使用能源所產生的排放	冷凍和其他零售過程中使用能源所產生的排放	包裝材料的生產、材料運輸及報廢所產生的排放

對於大多數食品來說，運輸排放量非常小

- 牛肉　60
- 羊肉　24
- 起司　21
- 牛肉（乳牛）　21
- 巧克力　19
- 咖啡　17
- 蝦（養殖）　12
- 棕櫚油　8
- 豬肉　7
- 家禽肉　6
- 橄欖油　6
- 魚（養殖）　5
- 蛋　4.5
- 米　4
- 魚（野生）　3
- 牛奶　3
- 蔗糖　3
- 花生　2.5
- 小麥和黑麥　1.4
- 番茄　1.4
- 玉米　1.0
- 木薯　1.0
- 豆漿　0.9
- 豌豆　0.9
- 香蕉　0.7
- 根莖類蔬菜　0.4
- 蘋果　0.4
- 柑橘類水果　0.3
- 堅果　0.3

乳牛產生的甲烷及用於放牧和動物飼料的土地用途改變，可見專養肉牛群的牛肉產生了非常高的碳足跡。

乳製品的副產品，表示來自乳牛群的牛肉比專門的肉牛群產生較低的碳足跡。

豬和家禽是非反芻牲畜，因此不會產生甲烷。它們的排放量明顯低於牛肉和羊肉。

水稻會產生甲烷，是在農場產出排放的主要原因。

野生魚類的養殖場排放量是指漁船所使用的燃料。

乳牛產生的甲烷代表牛奶的排放量明顯高於植物奶。

大部分植物性產品的二氧化碳排放量比動物性產品低 10～50 倍。

與食品類型的重要性相比，運輸距離、零售、包裝或特定農法等因素通常很小。

堅果的土地用途改變的數值為負數，因為堅果樹木逐漸取代農耕用地，足以讓碳被儲存在樹林裡。

每公斤食品的溫室氣體排放量
（每公斤產品的公斤二氧化碳當量）

※ 註：溫室氣體排放量為全球平均值，來自 119 國、38,700 個商用農場的資料。

※ 資料來源：《科學》期刊（Science）作者：Poore and Nemecek (2018). 文獻標題：透過生產者和消費者減少食品對環境的影響（Reducing food's environmental impacts through producers and consumers.）

※ 圖片來源：The Noun Project.　https://ourworldindata.org/food-choice-vs-eating-local

OurWorldInData.org ---- Research and data to make progress against the world's largest problems.

素食降低環境衝擊　促地球永續

　　從種植土地面積、畜牧農業、餵養牲畜、製造過程、運輸、零售，到包裝，整個食物供應鏈所產生的溫室氣體比較，牛肉還是第一名，其次是羊肉、起司、奶牛。

　　接著是巧克力及咖啡也很高，一是使用土地、種植過程或是運送過程。有些食物如果外銷海外，所耗費的就不只是內陸運輸，還要加上海運或者空運，運送的距離愈遠，產生的碳里程數就愈高。

健康、環境與經濟　最佳解方是茹素

　　從健康、環境與經濟二方面來看，素食都是最好的方式。健康方面，已有許多研究實證素食的優點；環境方面，素食降低空氣污染、水的污染、碳足跡、土地使用、能源使用。

　　經濟方面，牛津大學的教授馬可‧史賓恩曼（Marco Springmann）等人在 2016 年發表一篇研究論文，「Analysis and valuation of the health and climate change cobenefits of dietary change（分析評估改變飲食方式對健康與氣候變遷的協同效益）」，依飲食族群來比較經濟成本的花費，「有控制的飲食」、「素食」、「全素」三類，比起一般飲食，都可以節省全球的經濟成本，節省最多費用的是「全素」，預測到 2050 年每一年可以節省超過一點六兆美金的全球經濟成本。[註2]

　　全球的風險，從氣候變遷，演變成為氣候災難，要改善氣候變遷，需要人們的行動力，人類急需改變，力行素食，力行 5R 環保。

　　現今人類對於地球資源的運用，已由取得原料製作，使用即丟棄的線型經濟，逐漸轉為強調再生、再使用、再回收的循環經濟；清淨在源頭的 5R 精神（Refuse, Reduce, Reuse, Repair, Recycle），能不使用就不要使用、能少用就少用、有二手就用二手的、能修理就修理、能

回收就回收，有效減少浪費。

慈濟的環保行動，自 1990 年證嚴上人呼籲「用鼓掌的雙手做環保」開始，迄今已超過三十年。感恩慈濟數十萬名的環保志工，辛苦付出，臉上還滿是笑容，許多人投入環保之後，因為心態變得開朗，每日又勤於勞動，一些需要復健的疾患、慢性病症，甚至心理疾病竟然逐漸痊癒。所以上人常言：「最好的長照，就是做環保。」

2022 年 4 月 7 日慈濟正式加入聯合國氣候變化綱要公約「現在氣候中和倡議」（UNFCCC, Climate Neutral Now Initiative）共同推行氣候行動。[註3]

慈濟的環保志業用資源回收與再生，守護地球逾 30 年；為了更積極肩負社會責任、慈濟由臺灣邁出第一步，率 NGO 之先於 2021 年中宣示「淨零排放」，以科學基礎方法（Science-Based Targets, SBT）從溫室氣體盤查開始訂定減碳目標，朝著 2025 年碳排放零成長，2040 年碳排放減 50％，期於 2050 年達成淨零排放目標。

環保志業由環保回收、循環經濟邁向淨零排放，是為全人類及地球謀永續，唯有人人從自身做起，環保、茹素、簡約生活，才是根本防疫、人類永續的良方妙藥。

【註 2】Analysis and valuation of the health and climate change cobenefits of dietary change 作者：Marco Springmann .uk, H. Charles J. Godfray, Mike Rayner, and Peter Scarborough https://www.pnas.org/doi/full/10.1073/pnas.1523119113

【註 3】2023 年 11 月「第 28 屆聯合國氣候峰會」COP 28，慈濟與超過 20 個組織合作，進行十餘場周邊論壇、訪談節目、跨宗教對話與祈禱，另陳列展示環保減塑、醫療減排廢氣、提升公眾環保意識的具體成果，期許透過串聯跨域的力量，更廣泛帶動改善氣候變遷的行動，拯救地球。

淨零碳排放──為地球改變我們願意

林名男　大林慈濟醫院副院長暨家庭醫學科醫師

1986 年花蓮的慈濟醫院從籌備、規畫設計到興建，就是採取綠建築概念，2000 年啟業的大林慈濟醫院當然也是如此。

2007 年，大林慈濟醫院在當時林俊龍院長的帶領下，加入聯合國世界衛生組織（WHO Collaborating Centre）「健康促進醫院國際網絡」（The International Network of Health Promoting Hospitals & Health Services），於 2012 年獲得健康促進國際網絡的「國際健康促進醫院典範獎」殊榮，是全球首度首家獲此獎的醫院。

2020 年獲國民健康署頒發「第一屆健康促進國際貢獻獎」；2021 年響應聯合國減碳運動，為亞洲第一家，臺灣唯一一家宣示參與 2050 淨零碳排的醫院；2022 年底於「第 45 屆世界醫院大會（World Hospital Congress）」榮獲國際醫院聯盟（International hospital federation, IHF）頒發榮獲「國際醫院聯盟卓越綠色醫院銅獎」；2023 年初以系統性推動綠色醫院，獲得第 25 屆國家生技醫療品質獎 SNQ 國家品質獎章──醫療院所類醫務管理組銅獎，為臺灣第一的綠色醫院。

大林慈濟醫院在健康促進與綠色醫院經營上成績斐然，積極參與相關合作，包括國際組織── Health Care Without Harm（HCWH，

健康照護無害組織）、Global Green and Healthy Hospital（GGHH，全球綠色與健康醫院）、Conference of the Parties（COP，聯合國氣候變遷綱要公約的締約方大會）、CMUSA: CleanMed USA（CleanMed 美國會議，或稱永續醫療美國會議）、CMEU: Clean Europe（CleanMed 歐洲會議，或稱永續醫療歐洲會議）、UNEP（聯合國環境署）、Sustainability Health and Education Foundation（永續健康與教育基金會），為世界永續發展而努力。且多年來致力推動綠色醫院，有九項環境指標為全臺灣第一，年度總碳排放量減少超過 1,470 噸。

我去參加過五次聯合國的世界氣候高峰會——2015 年巴黎、2019 年西班牙、2020 年波蘭、2021 年英國蘇格蘭的格拉斯哥，及 2022 年埃及。在 2021 年英國氣候峰會上發布了五大關鍵訊息：一、我們將在 2040 年前升溫超過 1.5℃；二、人類活動導致極端天氣，如更強烈的熱浪、冰川溶化、海洋暖化；三、我們更了解區域氣候影響，北極及北半球高緯度地區的暖化速度，是全球暖化速度的二到四倍；四、我們更接近不可逆轉的臨界點，例如，隨著溫度升高，森林可能開始死亡，吸收二氧化碳的能力下降，導致進一步暖化；五、甲烷是重要危機，畜牧業占全球總溫室氣體近 20％。正因為氣候變遷持續惡化、非常急迫，所有的減碳工作都要加速進行，才能在 2050 達到碳中和。

有時我們會很自然的講到環保救地球，其實仔細思考，地球根本不需要人類保護，就像在 6,600 萬年前的白堊紀時代，地球被小行星撞擊，造成侏羅紀時代以來的恐龍滅絕，而地球還是好好的。我們現在所應該做的，其實是要拯救人類。

氣候變遷的危機，導致了各種以往難以想像的天災常常發生，還有疫病也層出不窮。2015 年臺南發生登革熱，那一年全臺灣多了幾萬個登革熱病例，因登革熱死亡的人多達兩百人。還有 SARS 及 COVID-19 病毒這些人畜共通的傳染病，跟氣候暖化、飲食都脫不了關係。

地球暖化的溫度在一個臨界點上，目前地球吸收二氧化碳能力的下降，產生的二氧化碳又上升，兩者交互作用，造成惡性循環。

正是有了溫室效應，使地球平均溫度維持在 15℃，然而當下過多的溫室氣體導致地球平均溫度高於 15℃，在 2023 年，甚至超過了 17℃。目前，人類活動使大氣中溫室氣體含量增加，由於燃燒化石燃料及水蒸氣、二氧化碳、甲烷等產生排放的氣體，經紅外線輻射吸收留住能量，導致全球表面溫度升高，加劇溫室效應，造成全球暖化。

地球的永凍土過去長年結凍，地球暖化造成永凍層開始解凍；大家都聽過北極冰融導致北極熊生存困難的新聞。而永凍土底下有大量的甲烷，氣候暖化，導致甲烷排放，其溫室氣體效應，「一百年全球暖化潛勢（Global warming potential, GWP）^{※註}」是二氧化碳的 20 倍以上，「二十年全球暖化潛勢（GWP20）」更是 70 倍以上。而甲烷其中一個主要來源就是畜牧業，包括牛、豬的排泄物排出的氣體，以及反芻氣體，均含有大量甲烷。

根據洛克斐勒慈善基金會 Climate Nexus 網站的調查報告，畜牧業養了 700 億隻以上的動物要讓人類吃進口中，耗用了全球 30％的土地、16％的水資源，更過度砍伐雨林及森林。生產一磅的牛肉，需耗費近 7,000 公升的水。而全球已有許多國家地區如果不是嚴重缺水，就是嚴重水患。而聯合國農糧署（FAO）的報告也指出，畜牧業直接排放的二氧化碳量占溫室氣體的 18％，如果再加上飼養土地需砍伐雨林，肉品的冷凍儲存、運輸、烹調，造成的碳排放量是所有溫室氣體的 51％。所以，不吃肉食的植物性飲食，真的是最直接能夠阻止氣候變遷的簡單方法。

而在臺灣，近年來感覺幾乎沒有冬季，不再有整個季節都很寒冷的感受。如果不積極減碳的話，就可能真的再也沒有冬天。而且，天

氣炎熱導致用電量激增，又再造成二氧化碳的排放。所有這一切，都要靠人類的行動支持，才有變好的可能。

大林慈濟醫院是臺灣及亞洲首家加入聯合國「Race to Zero」淨零碳排的醫院，為鼓勵同仁一起減碳護地球，連續幾年在世界地球日舉辦相關活動。

2023 年 4 月 22 日世界地球日前夕舉辦「為地球改變我願意 2023 大林慈濟綠成林」活動，邀約同仁一起將節能減碳落實在生活中，隨手關燈、關電腦、節約用水、少搭電梯、多走路、騎腳踏車、不用塑膠杯、塑膠吸管、不用紙杯、不喝瓶裝水（飲料）、重複使用塑膠袋、外食自備餐具、選用綠色標章產品等等，尤其是鼓勵素食，力行綠色生活，為減緩氣候變遷付諸行動。

在我的家庭醫學科門診，很多病人有糖尿病、高血壓、高膽固醇，產生一些慢性併發症，其實這跟飲食有很大的相關性。在 2005 年來到大林慈濟醫院服務後，於 2009 年加入了臺灣素食營養學會。我本來就不是喜歡吃很多肉的人，但是自從成為素食的學會成員，就開始完全的吃素。吃素之後，身體健康反而愈來愈好。也因為這樣子，我們全家，包括我媽媽，大家一起吃素。

在 2015 年底世界衛生組織發布公告，加工肉是大腸直腸癌的第一級致癌物，紅肉則是

▲ 大林慈濟醫院林名男副院長與夫人褚秋華女士兩人都是素食及環保實踐者。

第二級的致癌物。因為肉食含很多的膽固醇，膽固醇會導致心血管疾病、腦血管疾病、糖尿病、腎臟疾病、高血壓的發生，所以肉食對身體健康相當的不好。

而蔬食，也就是植物性的飲食，裡面不含膽固醇，而且植物性飲食有很多的纖維，對身體有保護作用，所以要健康，非常重要的一個因素就是植物性飲食，就是素食。

慈濟醫療法人各家慈濟醫院從啟業到現在，不管是員工餐廳、病人供餐，全面提供素食，持續為地球降溫而努力。

【註】全球暖化潛勢（Global warming potential，簡稱 GWP），是衡量每種溫室氣體對全球暖化影響的一種評量值；定義二氧化碳的全球暖化潛勢為 1，通常設定為一百年期間，比較每種氣體相對於二氧化碳所造成的暖化影響力。

簡單素食 簡單生活

陳金城 大林慈濟醫院副院長暨腦神經外科主任

慈濟基金會 45 周年開始，2011 年底到 2012 年我們準備參加《慈悲三昧水懺》手語演繹，那天我回家跟太太說：「我們現在開始要參加《水懺》，再一百天就要水懺（演繹表演），所以我們要開始吃素。」隔天我們就開始吃素了。因為我本來就是個很簡單的人，所以下決定也很簡單。吃素到現在，也十幾年了。

吃素對我來講很簡單，就是一念心，一念心轉變以後就吃素了。

吃素前我的健康檢查數值，血糖、血脂稍微高一點；血脂肪正常值是兩百，我的檢查是兩百多一點，素食了幾個月，血脂肪很明顯的下降，現在都維持在一百多的正常範圍內。

吃素要自己心念能接受，如果一心想要追求、一定要吃山珍海味，就很難吃素。講實話，我原本也吃了不少山珍海味，可是我就很簡單，說要吃素就改。

素食，這樣一個行為，可以讓世界因我們而得到改變。

過去溫室效應使地球平均溫度維持在 15℃，現在的溫室效應加劇，地球暖化，我們都知道地球發燒了，「氣候變遷」成為全球關注的議題，希望控制地球發燒的溫度不要上升得太快。我覺得現在應該是「氣候危

機」，「變遷」一詞實在讓大家沒有辦法警惕，它其實已是「危機」。

2015 年及 2018 年的氣候協定原本設定在世紀末把上升溫度控制 2℃，但實行起來有難度，所以設定在 1.5℃，避免水平面上升，有些國家地區可能就此消失在水平面上。雖然差 0.5℃，可能就增加一千多萬人淹沒在水平面下。

吃素，可以節省很多的不必要的砍伐及降低碳排放量。

一個人如果一天吃素，可以減少 2.4 公斤的碳排放量，臺灣兩千三百萬人，一年可以節省 56,510 公噸的碳排放量。以我個人來講，我吃了十幾年素，算下來才減掉將近一萬公斤碳排放量而已。如果能夠集合大家的力量，效果會相當的可觀。

現在地、水、火、風四大不調，很奇怪的極端氣候都在發生，臺灣近幾年會發生破天荒的邊降雨量，從來沒淹過水的地方也淹水，很多人說：「不可能啊！我們從來不可能遇到那麼大的水，不可能！」現在就是可能了。

為什麼有 COVID-19 新冠肺炎疫情？大家都戴著口罩？我們之前過得多快樂，完全不需要戴口罩，疫情期間戴著口罩，我都不知道別人長什麼樣，剛在路上還認錯人。我們個人能夠盡一點小小的努力，就是簡單的一個動作——吃素，就可以節省大概 20 ～ 30％碳排放量。

尋求簡單的生活，也可以幫助自己；不殺生，長養慈悲與慧命。我是做醫療的，是救人的行業，我希望病人都好，但如果我還是吃葷就等於還在殺生，好像有點矛盾。我希望愈來愈多人素食，為這個地球，為我們和將來的後代有一個很好的環境。祝福人人身心健康，地球暖化減緩，眾生平安。

茹素有效降低長者罹患新冠肺炎重症機率

在臺灣的新冠肺炎疫情，自 2020 年至 2022 年 9 月時，台北慈濟醫院共收治 1,700 多位染疫患者，醫療團隊針對 COVID-19 的環境清消、病人飲食習慣、疾病相關併發症與輔助治療，共發表 32 篇研究成果，刊登於臺灣及國際各醫學期刊。

台北慈濟醫院營養科侯沂錚營養師為首的研究團隊，以回顧性研究茹素對於長者罹患新冠肺炎重症的比例，證實在 65 歲以上且茹素的患者能有效降低新冠肺炎重症機率，研究成果獲《Frontiers in Nutrition》（營養學尖端）刊登。

2021 年臺灣發生第一波 COVID-19 大爆發，該病的風險與嚴重程度多變，且取決於個人的生活習慣與共病症。英國醫學雜誌曾針對六個歐美國家收集 2,884 位醫護從業人員其不同飲食習慣，包括素食、魚素主義、葷食進行研究，研究發現：茹素者可降低發生新冠肺炎重症比例達 73％。

以此為基礎，針對收治病人，侯沂錚營養師針對茹素有助於降低老年得新冠重症機率進行近一步的研究，評估茹素飲食與 COVID-19 症狀嚴重程度之間的關係，並蒐集 65 歲以上的患者前一年飲食模式作為評估資料來源，參考美國國家衛生研究院的分類

標準，將病人分成三組，若症狀為輕微上呼吸道感染、可能同時存在發燒、咳嗽、喉嚨痛等會被歸類為輕症患者；若具有嚴重的肺炎臨床症並符合呼吸速率每分鐘大於 30 次、血氧濃度小於 94％、氧合指數小於 300、浸潤大於 50％等任一項，則歸類為中症患者；若是出現呼吸窘迫症候群、呼吸衰竭至需要呼吸器輔助、敗血症或敗血性休克等則為重症患者。

最後根據邏輯性回歸統計出：茹素的患者中，重症人數都比葷食者明顯降低，尤其在 65 歲以上的患者差異顯著。

飲食對於腸道微生物的影響極為重要，對於傳染病的風險和嚴重程度有相當的關連性。先前已有相關報告指稱，素食營養豐富，其中包括高濃度的多酚、類胡蘿蔔素、纖維素、維生素 A、C、E、葉酸、鐵、鉀和鎂等。侯沂錚營養師表示：「茹素飲食可以強化免疫系統、預防高血壓、發炎及氧化壓力還有降低心血管疾病、併發症的風險。」未來也會納入疫苗施打狀況、是否食用營養補充品等條件進行更詳細的探討。

（台北慈濟醫院新聞稿）

▲ 台北慈濟醫院侯沂錚營養師及團隊發表論文，實證茹素可降低長者罹患新冠肺炎重症機率。

[研究論文] COVID-19 疾病嚴重程度與素食和非素食飲食於年長者之關聯性：單一醫院之經驗

COVID-19 illness severity in the elderly in relation to vegetarian and non-vegetarian diets: a single-center experience

作者群 侯沂錚（台北慈濟醫院營養師）、蘇文麟（台北慈濟醫院內科加護病房主任）、趙有誠（台北慈濟醫院院長）

登載期刊／年分 Frontiers in Nutrition《營養學尖端》/ 2022 年

文獻位址 Front Nutr. 2022 Apr 29;9:837458. doi: 0.3389/fnut.2022.837458. eCollection 2022.

【論文摘要中譯】

臺灣爆發第一波 COVID-19 新型冠狀病毒肺炎疫情是在 2021 年 5 月。這種疾病的風險和嚴重程度變化性大，且與個人習慣和合併症高度相關。在 COVID-19 全球大流行的態勢下，飲食習慣、營養狀況等因素的影響是迫在眉睫、極其重要的議題。因此，本研究目的探討，在 COVID-19 大流行期間，素食和非素食飲食對此疾病嚴重度的影響。

我們針對台北慈濟醫院 2021 年 5 月到 8 月收治的 509 名接受過治療的 COVID-19 患者進行了回顧性評估。根據疾病嚴重程度將患者分為三組，結果顯示對於患者年齡 ≥65 歲且 COVID-19 症狀的程度嚴重與素食有統計學上明顯的反向相關（p = 0.013）。此外，次群組分析結果顯示，年紀較長的患者及非素食者，有更高的感染嚴重度（校正後的勝算比 =5.434，p = 0.005）。綜合結果顯示飲食習慣可能影響 COVID-19 的嚴重程度，但進一步的研究仍然需要擴大群體進行研究，以確定飲食習慣對全球大流行期間 COVID-19 風險和嚴重程度的影響。

PART **5**

蔬食健康加碼

我們進行一系列素食論文研究，研究結果讓我們再次確信——素食是有助於身體健康的飲食型態。均衡攝取人體所需的六大營養素——醣類（碳水化合物）、蛋白質、脂肪、維生素、礦物質及水，是最基本的健康飲食原則。

為了推廣正確均衡的素食營養觀，我們創立了「台灣素食營養學會」（https://www.twvns.org/），而學會的網站上，也特別提醒茹素者要留心維生素 B12 及維生素 D 的攝取是否足夠。

均衡攝取六大營養素

人體的能量需求至少近六成來自於醣類（碳水化合物）的攝取，等於每天 1200 大卡熱量的 300 公克碳水化合物，其中精製醣類建議少於 10％。

植物性飲食即含有豐富的醣類，從單醣到多醣類，足以提供人體所需，且有助於消化道運作及能量的新陳代謝。

每天吃足夠份量的豆類與全穀根莖類，就可以提供足夠的蛋白質及熱量。只要不偏食，就絕不會有缺乏蛋白質的情形。

植物性飲食不僅含有較低的脂肪、足夠的蛋白質，而且含有高量的複雜醣類及纖維質，可降低腸道對熱量的吸收，避免脂肪囤積，還可以預防因食物中熱量過高而引起的營養不均衡。且植物性食品含豐富維生素 B1、C、E 等抗氧化的維生素，及對人體有益的鉀、鎂、鈣、磷等豐富礦物質。

每個人每天需要喝 2,500CC 的水。蔬菜水果的含水量高，多吃水果、蔬菜，也有助於水分的攝取。

可上台灣素食營養學會網站的「我的健康素食藍圖」，試算出適合自己的飲食組合。

每日素食飲食建議

每天晒太陽
15分鐘

全穀根莖類（2～4碗）
糙米、南瓜、地瓜、
山藥、蓮藕、全麥麵包、
全麥麵、小米、
燕麥、薏仁等。

B12

堅果、種籽、油脂類
（3～8份；堅果種籽1份約1
湯匙，植物油約2茶匙）
核子、花生、開心果、腰果、
葵瓜子、白芝麻、黑芝麻、
植物油等。

豆類
（5～10份；1～2.5碗）
黃帝豆、黑豆、綠豆、
黃豆、紅豆、毛豆、豆腐、
豆干、豆包等。

水果類（2～4份）
西瓜、木瓜、香蕉、葡萄、
土芭樂等。

蔬菜類（3～5份）
高麗菜、花椰菜、白蘿蔔、
紅蘿蔔、紅椒、黃椒、
青椒、番茄、茄子、香菇、
海帶等。

運動支撐
全身強壯

充足水分

※ 設計者：邱雪婷副教授

229

維生素 B12 的攝取

維生素 B12 是由細菌（微生物）生成，人體無法自行合成維生素 B12。

如果嚴重缺乏維生素 B12，會有手麻、腳麻、癲癇，甚至憂鬱或認知功能失調的情形。人體經由腸胃道吸收維生素 B12，所以隨著年齡漸長腸胃不好時，就有可能 B12 不足。研究顯示 65 歲以上缺乏 B12 的發生率約 30 ～ 40％。

維生素 B12

並非由「動物」或「植物」直接生成
是由「細菌（微生物）」生成

小兵
立大功！

無論人類或動物
都需要藉由直接或間接的方式
取得由細菌所產生的維生素 B12

維生素 B12 的來源

營養酵母

B12 補充劑

註：若為蛋奶素者，根據衛生福利部「國人膳食營養素參考攝取量」，每天的維生素 B12 攝取量應為 2.4 微克，等於一天一顆蛋、或是兩杯牛奶。而如果是不吃蛋、奶的人，或是有乳糖不耐症，則需額外補充維生素 B12。

維生素 B12 缺乏的兩大原因：

1. 吸收不良

消化系統缺乏內在因子（intrinsic factor）而無法順利吸收維生素 B12，或年長者因萎縮性胃炎／胃酸缺乏而減少吸收。

2. 攝取不足

誤將不含維生素 B12 的食物當作來源，長期食用這類食物，無法補充維生素 B12，反而造成缺乏。常被誤認為含有 B12 之食材有：天貝、發酵產品、毛豆、糙米、啤酒酵母、小麥胚芽等等。

維生素 B12 常見缺乏原因

1. 吸收不良	2. 攝取不足
無法釋放與食物蛋白質結合之 B12	「長期」無規律的「穩定可靠」B12 來源
· 內在因子缺乏或分泌不足 · 長者因萎縮性胃炎／胃酸分泌下降	· 誤將含有「維生素 B12 類似物」之食物作為可靠來源 · 誤將不含 B12 ／含量極低／尚未人體試驗證實生物活性之食物，作為唯一 B12 來源

年齡大於 50 歲的人，約有 10 ～ 30％的人難以吸收食物中的 B12。

美國國家醫學院建議 50 歲以上男女，需以補充劑或 B12 營養添加食品，作為可靠的維生素 B12 來源。

維生素 B12

當年齡大於 50 歲，約 10 ～ 30%的人難吸收食物中的 B12
美國國家醫學院（National Academy of Medicine）建議

50 歲以上男女，無論飲食模式為何
以 [結晶型] 作為「B12 主要來源」
補充劑／B12 營養添加食品

要確認個人有沒有欠缺維生素 B12，可定期抽血檢驗。除了「維生素 B12」含量值，建議加驗：同半胱胺酸（Homocysteine）、全反鈷胺素（Holotranscobalamin）及甲基丙二酸（Methylmalonic acid）三項指標。

維生素 B12 使用補充劑前之注意事項

補充前建議請先掛號、抽血檢驗，了解自身狀況
實際需求劑量，依個體狀況（是否缺乏／吸收不良等）不同
慢性腎臟病患者，務必請營養師、醫師確認劑型 / 量

首要檢驗	建議加驗	
維生素 B12	1 同半胱胺酸 (Hcy)	Hcy 升高時可能合併葉酸／ B6 缺乏
	2 全反鈷胺素 Holotranscobalamin	對近期攝入量極為敏感
	3 甲基丙二酸 (MMA)	極敏感反應為 B12 缺乏之極敏感指標

可靠 B12 食品包括

營養酵母粉（粉狀 / 片狀）

添加 B12 的植物奶

建議每日食用 2 ～ 3 次以確保劑量足夠。

<u>含維生素 B12 的食品</u>：在製程中以人工方式外加 B12 作為營養素的強化。

維生素 B12 營養添加食品

無吸收不良疾病之每日建議攝取量
14 歲以上 2.4mcg ／孕婦 2.6mcg ／哺乳婦 2.8mcg

每份營養添加食品，需提供 2mcg（ug）B12
（不同廠牌會有所差異，請詳閱營養標示）

B12
營養添加食品
每天 2 ～ 3 次

營養酵母粉（粉狀 / 片狀）
1 湯匙 4.5g=7ug

B12 營養添加 進口植物奶
1 杯 250ml ＝ 1.2ug

※ 備註：若無特殊疾病（如：腎臟病），健康人士補充比建議量高的劑量，無法吸收的部分會隨尿液排出，無須擔憂。

補充維生素 B12，啤酒酵母或營養酵母？

維生素 B12

維生素 B12 是由少數細菌、古細菌製造的，酵母為真菌，無法生產維生素 B12。大部分的啤酒酵母未經人工強化，不含維生素 B12。而大部分的營養酵母都有經人工強化，含維生素 B12。

啤酒酵母

Brewer's Yeast 為啤酒酵母的英文，是常見的保健食品。無論是有機食品店、百貨公司專櫃，都有它的蹤影。

啤酒酵母是發芽大麥（malted barley）經由真菌（Saccharomyces cerevisiae）發酵後，產生的副產品。發酵的過程會製造出豐富的 B 群、微量元素，成為有價值的營養補充品。啤酒酵母也能被當作催乳劑，能協助產後婦女分泌母奶。

▲ 啤酒酵母粉

營養酵母

Nutritional Yeast 為營養酵母的英文，一般店面鮮少販售，需經由網購取得。營養酵母是蔗糖或甜菜糖蜜經由真菌（Saccharomyces cerevisiae）發酵後產生的，有別於啤酒酵母，營養酵母不是副產品，製造它的目的就是要拿來當作營養補充品的，因此，除了酵母本身製作出來的 B 群，工廠還會以人工的方式加強 B 群的劑量，並額外添加維生素 B12，以提升整體的營養價值。

營養酵母味道微鹹、帶點鮮味，有人說像起司，適合搭配濃湯、白醬義大利麵、撒在飯上、拌入鷹嘴豆泥、堅果泥裡面。排斥補充劑的民眾，可以考慮以營養酵母當作可靠的維生素 B12 來源。

名稱	啤酒酵母	營養酵母
英文名	Brewer's Yeast	Nutritional Yeast
發酵方式	真菌 + 發芽大麥	真菌 + 蔗糖
製作目的	啤酒的副產品	營養補充品，會以人工方式額外添加更多 B 群、另外添加 B12
味道、口感	微苦、粉狀	鮮味，可加入濃湯、義大利麵
維生素 B1	✔	✔✔
維生素 B2	✔	✔✔
維生素 B3	✔	✔✔
維生素 B6	✔	✔✔
維生素 B9	✔	✔✔
維生素 B12	▬	✔✔
微量元素	✔	✔

※ 營養價值會因廠牌而有所不同。購買務必檢閱包裝的營養成分標示

營養比較		
產品	啤酒酵母 （Brewer's Yeast） 每 15g	營養酵母 （Nutritional Yeast） 每 15g
菌種	Saccharomyces cerevisiae	Saccharomyces cerevisiae
菌體生命力	無生命力，成品包含已死亡的酵母不能拿來發酵其他產品	無生命力，成品包含已死亡的酵母不能拿來發酵其他產品
發酵介質	發芽大麥	甜菜糖蜜、蔗糖
味道、質地	微苦、粉狀	微鹹、有粉狀也有片狀
熱量	約 50 kcal	60 kcal
蛋白質	6 g	8 g
維生素 B12	0.01 microgram	17.6 microgram（有強化）
維生素 B1	1.65 milligram	11.8 milligram（有強化）
維生素 B2	0.6 milligram	9.7 milligram（有強化）
維生素 B3	6 milligram	46 milligram（有強化）
維生素 B6	0.22 milligram	6 milligram（有強化）
維生素 B9	351 microgram	1080 microgram（有強化）

※ 每個品牌的營養價值略有不同，購買前請注意營養標示。

維生素 D 的強化

維生素 D 不足，可能會導致糖尿病、心血管疾病、神經退化性疾病、上呼吸道感染、免疫系統等疾病，所以要留心維生素 D 的攝取足夠。

維生素 D，可以靠晒太陽來生成；皮膚經過紫外光（UVB）照射後可以自行生成維生素 D。而含有維生素 D 的食物不多，只有僅存在少數食物當中，所以最好的方法是每天晒太陽 15 分鐘。

另外，研究顯示，香菇或木耳採收後，經過日晒，可以大大提高維生素 D 含量。如果容易缺乏的人，應考慮維生素 D 補充劑。

維生素 D 的來源

日晒香菇　　　　陽光　　　維生素 D 補充劑

「台灣素食營養學會」https://www.twvns.org

Family健康飲食 HD5055

【科學實證】這樣吃素最健康：
預防10大慢性病症營養指導與應用食譜

作　　者／慈濟醫療法人 林俊龍執行長等
選書＆主編／陳玉春
協 力 主 編／曾慶方、黃秋惠

行銷經理／王維君
業務經理／羅越華
總 編 輯／林小鈴
發 行 人／何飛鵬

出　　版／原水文化
　　　　　115台北市南港區昆陽街16號4樓
　　　　　電話：02-2500-7008
　　　　　傳真：02-2502-7579
　　　　　靜思人文志業股份有限公司
　　　　　台北市大安區忠孝東路三段217巷7弄19號1樓
　　　　　電話：(02)28989888　傳真：(02)28989889
　　　　　網址：https://www.jingsi.org

發　　行／英屬蓋曼群島商家庭傳媒股份有限公司城邦分公司
　　　　　115台北市南港區昆陽街16號5樓
　　　　　書虫客服務專線：02-25007718；02-25007719
　　　　　24小時傳真專線：02-25001990；02-25001991
　　　　　服務時間：週一至週五上午09:30-12:00；下午13:30-17:00

讀者服務信箱E-mail：service@readingclub.com.tw
劃撥帳號／19863813；戶名：書虫股份有限公司
香港發行／城邦（香港）出版集團有限公司
　　　　　香港九龍土瓜灣土瓜灣道86號順聯工業大廈6樓A室
　　　　　電話：852-2508-6231　傳真：852-2578-9337
　　　　　電郵：hkcite@biznetvigator.com
馬新發行／城邦（馬新）出版集團 Cite (M) Sdn Bhd
　　　　　41, Jalan Radin Anum, Bandar Baru Sri Petaling,
　　　　　57000 Kuala Lumpur, Malaysia.
　　　　　電話：(603)90563833　傳真：(603)90576622
　　　　　電郵：services@cite.my

城邦讀書花園
www.cite.com.tw

內頁設計＆插畫／張曉珍
封面設計／許丁文
封面攝影／謝自富
攝　　影／徐榕志（子宇影像工作室）
製版印刷／科億資訊科技有限公司
初　　版／2024年3月19日
初版7.5刷／2024年8月26日
定　　價／450元
ISBN：978-626-7268-78-0（平裝）
ISBN：978-626-7268-80-3（EPUB）

國家圖書館出版品預行編目資料

【科學實證】這樣吃素最健康：預防10大慢性病症營
養指導與應用食譜/林俊龍等著. -- 初版. -- 臺北市：
原水文化：英屬蓋曼群島商家庭傳媒股份有限公司城
邦分公司發行, 2024.03
　面；　公分. -- (Family健康飲食；HD5055)
ISBN 978-626-7268-78-0(平裝)

1.CST: 素食主義　2.CST: 預防醫學
3.CST: 健康飲食　4.CST: 文集

411.371　　　　　　　　　　　　　　113002205

本書特別感謝：

台灣素食營養學會。

佛教慈濟慈善事業基金會執行長辦公室、花蓮慈濟醫院營養科團隊、佛教慈濟醫療法人人文傳播室；花蓮慈濟醫院、大林慈濟醫院、台北慈濟醫院、台中慈濟醫院公傳室；玉里慈濟醫院、關山慈濟醫院管理室協助相關出版事宜。